EQUIPMENT QUALITY CONTROL MANUAL FOR
INTERNATIONAL EPC POWER ENGINEERING

国际 EPC 电站工程
设备质量管控手册

主　编　张升坤
副主编　于东立　商庆春　史国梁

中国电力出版社
CHINA ELECTRIC POWER PRESS

内 容 提 要

本书通过总结巴西、印度、巴基斯坦、土耳其、哈萨克斯坦、印度尼西亚、沙特阿拉伯等多个国家和地区的 EPC 电力工程项目经验，收集整理了设备在设计、采购、生产、运输、安装、调试等环节出现的各种问题，本着"实际、实用、实效"的原则，对问题进行整理、分析，范围覆盖了设备从产品设计、原材料进厂、加工、试验、油漆、包装、发运到现场安装、调试和试运等全过程。结合项目设备质量问题管理实践与经验，经过认真分析与归纳，提炼和总结了多项共性问题，提出了预防与解决措施。主要内容包括六章，分别为电力设备质量管控概述、电力设备制造质量管控、电力设备包装管控、电力设备现场仓储管控、电力设备质量问题案例分析、电力设备质量问题防范措施。

本书可对正在执行或将要执行的 EPC 项目提供借鉴依据，提高各参与方对产品质量管理的意识与行动，能够真正地起到警示和防范作用，持续提升中国机电产品的出口质量水平。也可作为工程技术人员和相关从业人员的参考和培训教材。

图书在版编目（CIP）数据

国际 EPC 电站工程设备质量管控手册 / 张升坤主编 . — 北京：中国电力出版社，2020.10
ISBN 978-7-5198-4976-4

Ⅰ . ①国…　Ⅱ . ①张…　Ⅲ . ①电站 – 电气设备 – 质量控制 – 技术手册　Ⅳ . ① TM62-62

中国版本图书馆 CIP 数据核字（2020）第 178462 号

出版发行：中国电力出版社
地　　址：北京市东城区北京站西街 19 号（邮政编码 100005）
网　　址：http：//www.cepp.sgcc.com.cn
责任编辑：孙建英（010–63412369）　董艳荣
责任校对：黄　蓓　马　宁
装帧设计：王红柳
责任印制：吴　迪

印　　刷：北京天宇星印刷厂
版　　次：2020 年 10 月第一版
印　　次：2020 年 10 月北京第一次印刷
开　　本：787 毫米 ×1092 毫米　16 开本
印　　张：13.75
字　　数：337 千字
印　　数：0001—1000 册
定　　价：70.00 元

Equipment Quality Control Manual for
International EPC Power Station Engineering

国际 EPC 电站工程
设备质量管控手册

编 委 会

主　　编　张升坤

副 主 编　于东立　　商庆春　　史国梁

参编人员　陈　进　　王正振　　荀向阳　　李玉光　　祝世文　　李育熙

　　　　　　陈国来　　赵成茂　　张守锐　　段自杨　　苏　杭　　张瑞琦

　　　　　　岳文奇　　刘　明　　庄　文　　李　坤　　王光锋　　温华波

　　　　　　夏继功　　孙　贺　　袁　杨　　刘红梅　　程宝翠　　马明光

　　　　　　张乃强　　由　锋　　吴福祥　　刘德虎　　孙　健　　刘　鹏

　　　　　　张作为　　程林鹏　　许恒飞　　刘　蒙　　王书林　　尹德印

　　　　　　黄广杰　　李正军　　陈　冰　　杨　贺　　扈　健　　王　森

国际 EPC 电站工程
设备质量管控手册

前　言

近年来，随着国家一带一路的深入推进，国内优秀企业纷纷布局海外市场，在一带一路沿线国家投资兴建的工程也越来越多，其中电力 EPC 项目占有较大的份额。

国际电力 EPC 项目具有时空跨度大、相关利益方多、涉外工程量大、标准要求高及面临风险多等特点，因此对总承包方的管理水平要求非常高。在项目执行过程中，设备供应保障是工程顺利实施的关键环节，其中设备质量是影响整个项目最关键的因素之一，也是工程风险管控的重要一环。因此，对设备质量的良好管控是做好项目的重中之重。

本书通过总结中国电建集团山东电力建设第一工程有限公司所承建的巴西、印度、巴基斯坦、土耳其、哈萨克斯坦、印度尼西亚、沙特阿拉伯等多个国家和地区的 EPC 电力工程项目经验，并借鉴了其他电建公司所承建的国外 EPC 电力工程项目的经验，收集整理了设备在设计、采购、生产、运输、安装、调试等环节出现的各种问题，本着"实际、实用、实效"的原则，对问题进行整理、分析，范围覆盖了设备从产品设计、原材料进厂、加工、试验、油漆、包装、发运到现场安装、调试和试运等全过程。结合项目设备质量问题管理实践与经验，经过认真分析与归纳，提炼和总结了多项共性问题，提出了预防与解决措施。

本书编写定位明确，内容完整丰富，层次清楚，重点突出，希望能对正在执行或将要执行的 EPC 项目提供借鉴依据，提高各参与方对产品质量管理的意识与行动，能够真正地起到警示和防范作用，持续提升中国机电产品的出口质量水平。本书也可作为工程技术人员和相关从业人员的参考书和培训教材。

本书组织编制过程中，部分单位提供了大量基础资料，也得到了各级领导和同行的大力支持与指导，在此表示衷心的感谢。

虽经反复斟酌和努力，但由于本书涉及设备较多，加之时间仓促和编写人员的专业水平所限，难免有不妥甚至疏漏之处，敬请给予批评指正。

编写组

2020 年 5 月

国际 EPC 电站工程
设备质量管控手册

第一章 ▶ 电力设备质量管控概述

在电力建设进程中，设备质量问题是影响工程进度和工程效益的问题之一。质量问题的表现形式是多种多样的，有设计缺陷也有制造缺陷，有显性缺陷也有隐形缺陷。这些问题对工程设计进度、生产进度、交货进度、安装进度、调试进度、机组移交以及质保期都会产生直接影响，有些质量问题还会引发业主对设备的拒收与索赔。质量问题的存在增加了项目执行的风险管控难度，会对工程收益产生巨大影响。因此，保证设备质量合格是机组正常运行的基础，也是电力工程能否取得预期收益的关键。

传统意义上来讲，设备质量的优劣，仅是指设备本身性能状况，但对于整个电力项目来说，设备质量的优劣却表现在更多方面，除了设备自身性能，还体现在设备的选型设计、生产过程管控、包装运输、资料提交以及安装调试等多个方面。只有把设备的全寿命周期过程贯穿起来进行综合判定，才能最终确定设备的质量性能是否合格。

一般说来，电力设备采购费用在电力项目总投资额中占据最大一部分，设备的技术性、复杂性、多样性、专业性、成套性和系统性决定了设备质量管控的困难性和必要性，一旦出现设备质量问题，将会造成巨大的经济损失，甚至直接影响到工程质量和投资效益。为避免质量问题对现场施工、调试、运行造成不良影响，总承包方必须增强对设备的质量管理，加强质量管理的工作力度，增大对设备监检管控的广度，全方位确保设备各性能指标符合采购合同要求。

综上而言，设备质量的优劣直接影响到机组的安全稳定运行，总承包方为保证设备质量，最重要的控制方法就是在设备生产制造过程中，通过设置合理的过程检验点，到工厂进行设备检验、监造，来达到设备质量控制的目的，确保设备质量管理合格。

设备的各项问题广泛存在于采购、生产制造、包装、储运、安装以及调试等多个环节中。

第一节 采购环节

在设备招投标阶段，由于评标中质量分值权重过低，价格分值权重过高，在设备性能满足要求的前提下，通常会发生"最低价中标"的现象，而最低价中标往往与设备质量存在矛盾。当供货商报价明显低于其竞争对手的报价时，其产品质量、相关服务能否满足合同要求需要认真地调研并做出正确决定。供货商在低价中标后，会想方设法地降低成本，比如设计时降低零部件和材料的规格或等级、减小设计余量等；或者采购价格便宜、质量较差的原材料；或者增加分包的范围或选用加工制造能力差的分包厂；或在油漆、包装方面做文章等。这些行为对合同执行、运输安全、安装调试以及长期的运行安全造成了较大的质量隐患。低价在一定程度上代表了低等的技术、低劣的质量、粗糙的服务。

项目执行过程中，还存在着设备交货期与现场实际需求不对应的问题。在现场施工进度出现变化时，设备交货期不能及时有效做出变更并通知供货商调整生产计划，致使设备过早到达现场，对总承包方现场仓储管理造成较大的压力，也为设备质量管理带来困难和风险。还有一些设备生产完成后，由于项目进展缓慢，不得不积压在供货商仓库，造成设备质量或性能下降，甚至引发供货商的费用索赔。

第二节　生产制造环节

在生产制造阶段，电力设备的质量控制主要由供货商来管控。对于重要的设备，总承包方根据国家法律法规、技术标准、规范和双方签署检验试验计划（ITP）对设备质量进行控制，监造人员在设备达到检验条件后到厂进行检验；对于主机设备和主要辅机，通常会聘请第三方监理公司进行监理工作，同时也会安排监造人员进行设备监造。

合同签订后，供货商出于成本考虑或受限于自身的生产水平，通常会把部分部件进行生产分包，甚至进行二次分包。对于分包设备，供货商本应把设备的质量管控要求、检验要求等及时传达给分包商，做到对分包设备的全面质量管控。但实际执行过程中，供货商对分包商的管理缺位，没有把分包商纳入到供货商的整体质保体系中来，造成对分包设备质量管控乏力，存在合同执行中信息传递不及时、ITP 不能及时下发到分包厂等情况，容易导致设备出现质量问题。同时，供货商对分包信息不能及时了解，对分包设备的管控力度不足，导致分包设备的管控成为设备质量管理体系中的薄弱环节。

而总承包方对设备质量的管理也存在一些局限性，包括：设计管控能力不足，在设计优化方面缺乏经验；监造人员不足，无法对产品质量进行有效监管；供货商对分包商管控的薄弱，容易造成管理不到位，对分包的设备缺乏有效的审核和监管；监造人员综合素质不足，缺乏处理问题的能力，对焊接、无损探伤等知识的掌握不足，在知识短板区域只是流于"见证签字"，不能真正地起到监管的作用。

第三节　包装、储运环节

设备从包装到最终运送到现场，包装破损是最常出现的问题。造成这一问题的原因有很多，包括包装不合理原因、运输原因、装卸原因以及现场储存不当等诸多影响因素。其中包装不满足要求是问题发生的最直接原因。设备包装完成后，其包装形式和包装强度是否满足设备防护的要求，是否满足长途陆运、海运的要求，是否能够承受适当强度的装卸要求，是否满足防潮、防雨、防震等的要求，这些都需要在设备发运前进行检查和确认。

总承包方的现场仓储管理也普遍存在一些问题。项目执行过程中，存在设备在现场搁置时间较长的情况，同时仓储保管缺乏必要的总体规划与相应措施。现场、室内仓储面积规划不足也是影响设备维护的重要因素。大量设备尤其是电气、热控设备存放在露天场地，不仅不利于维护，对设备也会带来未知的损害。设备锈蚀严重、防护不当、现场管理不到位，会影响到设备整体寿命。

第四节　安装、调运环节

　　设备在现场出现质量问题，一部分是设备的自身性能原因，还有一部分是安装不当导致，包括设备安装过程中倒运、吊装、安装、成品保护不当，设备在无工代指导下安装等，最终导致设备损坏。这些设备质量问题，不仅需要现场质量管理部门做好对设备的质量管控，更重要的是要强化施工人员的设备质量防护意识，增强责任心，制定好项目质量方针及质量目标。对新开工的项目，可采取的措施包括：提前编制作业指导书；重视技术交底工作，让施工人员明白如何控制施工质量；根据现场情况，编制针对性强的措施，切实保证好施工质量。

　　综合以上环节，设备质量问题管理区域跨度大，管理链条长，做好设备质量管理工作牵涉到的部门广、人员多，工作艰巨而烦琐。总承包方应加强过程管控，提升质量管理水平，强化对设备的质量管理，加强质量通病治理，规避质量风险，进一步提高质量管理水平，将设备质量、项目管理做得更好。

第二章 ▶ 电力设备制造质量管控

电力工程项目设备在生产阶段的质量控制是最基础、最重要的一部分。由于电力设备专业比较复杂，各项设备性能、作用各不相同，因此要做好设备在生产期间的检验、监造工作，总承包方应结合各项设备的自身特点，有目的性、针对性地开展各项检验工作。

鉴于此，电力设备的监造工作应当根据各专业设备的特点，对设备进行分类、归纳、总结，结合设备生产工序，把握设备监造要点；同时制定相对应的质量见证项目表，在见证表的基础上对设备进行全面检验，这样才能在生产阶段更好地管控设备质量，为设备的使用做好保障。

第一节 锅炉专业设备

一、锅炉

锅炉是一种把煤炭、石油或天然气等能源所储藏的化学能转变为水或蒸汽的热能的重要设备，在电力项目中，锅炉是最重要、最基础的设备之一。随着技术的发展，电力锅炉的蒸汽参数不断提高，从中压、高压、超高压发展到亚临界压力、超临界压力以及超超临界压力锅炉，锅炉的蒸汽温度、蒸汽产量、锅炉效率等也在不断提高。

锅炉本体由汽水系统（锅）和燃烧系统（炉）组成，汽水系统由省煤器、汽包、下降管、集箱、水冷壁、过热器、再热器等组成，其主要任务是有效地吸收燃料燃烧释放出的热量，将进入锅炉的给水加热以使之形成具有一定温度和压力的过热蒸汽。锅炉的燃烧系统由炉膛、烟道、燃烧器、空气预热器等组成，其主要任务是使燃料在炉内能够良好燃烧，放出热量。此外锅炉本体还包括炉墙和构架，炉墙用于构成封闭的炉膛和烟道，构架用于支撑和悬吊汽包、受热面、炉墙等。

（一）锅炉监造要点

1. 原材料的入厂验收

正确选择锅炉原材料是保证锅炉安全运行的关键工序及控制重点。对锅炉原材料来说，首先要熟悉设备采购合同技术协议对材料使用情况的特殊要求，并对照分析设计图纸与采购合同，仔细检查制造方的设计是否满足采购合同技术协议的要求。同时依据原材料入厂检验制度，要求所有受压元件的钢管、钢板、扁钢等均有原厂家质量证明书，入厂后对化学成分、机械性能按批进行取样检验，所有原材料都经过入厂复检合格后才能入库。对于钢管内部缺陷，要进行涡流探伤和超声波探伤复检。原材料宏观缺陷一般包括凹坑、严重锈蚀、麻点、管端部内壁裂纹等，是"常见性"缺陷。对此类问题的解决方法主要是加大对原材料表面质量的检查力度，并对不同批次的管子进行厚度、硬度检查，一旦发现问题，应立即对缺陷的危害性进行分析和评估。对于个别现象，与制造厂协商处理，对处理结果进行分析认可后方可投料。如果是该批材料的普遍问题，且对以后机组的安全运行产生潜在的威胁，应拒绝使用该批材料。

2. 焊接表面检验

电力锅炉生产制造过程中，焊接工件在保证锅炉制造质量中处于非常重要的地位。对焊接工件的检验，首先对焊工资格进行审查，其次抓好过程质量控制，注重焊缝表面缺陷处理。焊缝表面质量是判断焊缝合格与否的主要因素之一，表面成形不良，将形成机组运行的潜在隐患。如焊缝高度超标或低于母材、咬边、气孔、裂纹等焊接缺陷，不仅加剧了焊接接头的应力集中程度，也减小了有效承载截面面积（尤其是裂纹、气孔），使焊缝的力学性能急剧降低。加强表面质量检查力度，达到保证焊接成形良好、消除潜在隐患的效果。

3. 无损探伤检验

在电力锅炉制造业中，射线和超声是无损探伤的主要手段，其主要目的是查清焊缝内部的状况。射线探伤和超声波探伤的主要控制项目为：首先，对探伤人员资格审查，探伤人员必须按照锅炉压力容器对无损检测人员资格考核规定进行考试，并取得相应操作项目的合格证。其次，探伤表面必须经修磨，符合工艺对射线和超声波的规定要求，并使用合格的探伤设备，提高射线探伤和超声波的准确率。

4. 热处理检验

在锅炉各部件的制造过程中有很多产品需要焊前预热、焊后热处理，其关键因素是温度和时间的控制。需要严格按热处理工艺规范进行操作，若预热温度不够，焊接极易产生裂纹，若焊后热处理时间不准，焊接残余应力不能充分消除，会对锅炉运行造成极大的安全隐患。通过审核热处理工艺文件，可以保证热处理规范符合金属材料的要求；通过审核热处理报告和记录曲线，可以督促热处理操作者严格执行热处理工艺要求，达到热处理热效果。与此同时，应检查热处理温度计量仪表的准确度和校准情况，在部件入炉时，应检查部件是否被放置于热处理炉的恒温区，也要对热处理后部件的硬度进行抽查。

5. 耐压检验

锅炉产品制成后如锅筒、集箱、受热面管子、省煤器、水冷壁等受压部件，必须通过耐压试验来检测是否泄漏。水压试验见证项目有：试验压力、保压时间、压力表的个数、量程和校验有效期，试验水质和水温是否达标，检查试验后有无泄漏和部件变形等异常现象。通过对水压试验的监控，督促制造厂按照水压试验技术条件，保质、保量地完成水压试验工序。

（二）锅炉质量见证项目

锅炉质量见证项目见表 2-1。

表 2-1　　　　　　　　　　　锅炉质量见证项目表

序号	部件名称	检验/试验项目	检验标准	检验比例	见证方式 买方	见证方式 业主	备注
1	钢结构	原材料检验（原材料质保书、化学成分分析、机械性能测试、进厂复检报告、外观检验）	图纸、技术协议、标准	100%	R	R	

续表

序号	部件名称	检验/试验项目	检验标准	检验比例	见证方式		备注
					买方	业主	
1	钢结构	尺寸、焊缝质量	图纸、焊接工艺规程	100%	R	R	
		无损探伤检测	图纸、技术协议、标准	10%	W	R	
		部件尺寸检验	图纸、技术协议、标准	10%	W	R	
		柱、顶梁试装配	图纸、技术协议、标准	10%	W	R	
2	汽包	原材料检验（原材料质保书、化学成分分析、机械性能测试、进厂复检报告、外观检验）	图纸、技术协议、标准	100%	R	R	
		部件尺寸检验	图纸、技术协议、标准	100%	R	R	
		筒体、半球形封头热压成型及热处理（热处理曲线）	图纸、技术协议、标准	100%	R	R	
		对接焊缝外观检验（剖面、尺寸、加强高、表面质量）	图纸、焊接工艺规程	100%	R	R	
		焊缝探伤检验（射线、磁粉、探伤等）	图纸、技术协议、标准	10%	W	R	
		焊接热处理检验（热处理曲线）	图纸、技术协议、标准	100%	R	R	
		承重附件焊接外观检查（剖面、尺寸、加强高、表面质量）	图纸、技术协议、标准	100%	R	R	
		承重附件焊缝探伤检验（射线、磁粉、探伤等）	图纸、技术协议、标准	100%	R	R	
		汽包水压试验	图纸、技术协议、标准	100%	H	H	
		内部构件装配、外观尺寸	图纸、技术协议、标准	100%	W	R	
		汽包总体尺寸、装配检验	图纸、技术协议、标准	100%	W	R	
		油漆保存、标识检验	图纸、技术协议、标准	100%	W	R	
3	集箱	原材料检验（原材料质保书、化学成分分析、机械性能测试、进厂复检报告、外观检验）	图纸、技术协议、标准	100%	R	R	
		部件尺寸检验	图纸、技术协议、标准	100%	R	R	
		热压成型及热处理（热处理曲线）	图纸、技术协议、标准	100%	R	R	
		对接焊缝外观检验（剖面、尺寸、加强高、表面质量）	图纸、焊接工艺规程	100%	W	R	
		焊缝探伤检验（射线、磁粉、探伤等）	图纸、技术协议、标准	100%	W	R	
		焊接热处理检验（热处理曲线）	图纸、技术协议、标准	100%	R	R	

续表

序号	部件名称	检验/试验项目	检验标准	检验比例	见证方式 买方	见证方式 业主	备注
3	集箱	水压试验	图纸、技术协议、标准	100%	W	R	
		尺寸、外观检验	图纸、技术协议、标准	100%	W	R	
4	管排、蛇形管	原材料检验（原材料质保书、化学成分分析、机械性能测试、进厂复检报告、外观检验）	图纸、技术协议、标准	100%	R	R	
		弯管检验（弯管外形、椭圆度、流通面积、减薄量）	图纸、技术协议、标准	10%	W	R	
		焊缝外观检验（剖面、尺寸、加强高、表面质量）	图纸、焊接工艺规程	20%	W	R	
		焊后热处理（热处理曲线）	图纸、技术协议、标准	100%	R	R	
		焊缝探伤检验（射线、磁粉、探伤等）	图纸、技术协议、标准	30%	W	R	
		水压试验	图纸、技术协议、标准	30%	W	R	
		通球试验	图纸、技术协议、标准	30%	W	R	
		通海绵试验	图纸、技术协议、标准	30%	W	R	
		尺寸、外观检验（位置、总体尺寸、焊接完成度、检查试验报告、表面情况）	图纸、技术协议、标准	30%	W	R	
5	管道	原材料检验（原材料质保书、化学成分分析、机械性能测试、进厂复检报告、外观检验）	图纸、技术协议、标准	100%	R	R	
		焊缝外观检验（剖面、尺寸、加强高、表面质量）	图纸、焊接工艺规程	30%	W	R	
		焊后热处理（热处理曲线）	图纸、技术协议、标准	100%	R	R	
		焊缝探伤检验（射线、磁粉、探伤等）	图纸、技术协议、标准	10%	W	R	
		尺寸、外观检验（位置、总体尺寸、焊接完成度、检查试验报告、表面情况）	图纸、技术协议、标准	20%	W	R	
6	阀门	原材料检验（原材料质保书、化学成分分析、机械性能测试、进厂复检报告、外观检验）	图纸、技术协议、标准	100%	R	R	
		外购件检验（合格证、说明书、原产地证明等）	图纸、技术协议、标准	100%	R	R	
		阀门水压试验	图纸、焊接工艺规程	抽检	W	R	
		尺寸、外观检验	图纸、技术协议、标准	抽检	W	R	

序号	部件名称	检验／试验项目	检验标准	检验比例	见证方式 买方	见证方式 业主	备注
7	支吊架	原材料检验（原材料质保书、化学成分分析、机械性能测试、进厂复检报告、外观检验）	图纸、技术协议、标准	100%	R	R	
		外购件检验（合格证、说明书、原产地证明等）	图纸、技术协议、标准	100%	R	R	
		装配尺寸	图纸、技术协议、标准	20%	W	R	
		载荷标定（挠度变化）	图纸、技术协议、标准	20%	W	R	
8	燃烧器	原材料检验（原材料质保书、化学成分分析、机械性能测试、进厂复检报告、外观检验）	图纸、技术协议、标准	100%	R	R	
		外购件检验（合格证、说明书、原产地证明等）	图纸、技术协议、标准	100%	R	R	
		焊缝外观检验（剖面、尺寸、加强高、表面质量）	图纸、焊接工艺规程	100%	W	R	
		尺寸、外观检验（位置、总体尺寸、焊接完成度、检查试验报告、表面情况）	图纸、技术协议、标准	100%	W	R	
		风箱、燃烧器喷口装配（燃烧器运转试验）	图纸、技术协议、标准	100%	W	R	
9	油枪	原材料检验（原材料质保书、化学成分分析、机械性能测试、进厂复检报告、外观检验）	图纸、技术协议、标准	100%	R	R	
		外购件检验（合格证、说明书、原产地证明等）	图纸、技术协议、标准	100%	R	R	
		喷漆挡板、壳体氮化检验（表层硬度测量）	图纸、技术协议、标准	100%	R	R	
		油枪气密性试验（水压试验）	图纸、技术协议、标准	100%	W	R	
		油枪装配尺寸、外观检验（位置、尺寸）	图纸、技术协议、标准	100%	W	R	
		油漆保存、标识检验	图纸、技术协议、标准	100%	W	R	
10	吹灰器	原材料检验（原材料质保书、化学成分分析、机械性能测试、进厂复检报告、外观检验）	图纸、技术协议、标准	100%	R	R	
		外购件检验（合格证、说明书、原产地证明等）	图纸、技术协议、标准	100%	R	R	

序号	部件名称	检验/试验项目	检验标准	检验比例	见证方式 买方	见证方式 业主	备注
10	吹灰器	吹灰器装配尺寸、外观检验（位置、尺寸）	图纸、技术协议、标准	20%	W	R	
		吹灰器运行试验（流畅、有效运行、最大变形、阀门打开关闭功能、限位开关性能）	图纸、技术协议、标准	20%	W	R	
11	挡板门	原材料检验（原材料质保书、化学成分分析、机械性能测试、进厂复检报告、外观检验）	图纸、技术协议、标准	100%	R	R	
		吹灰器装配尺寸、外观检验（位置、尺寸）	图纸、技术协议、标准	100%	W	R	
		挡板门操作试验（开关试验、泄露试验）	图纸、技术协议、标准	100%	W	R	
		表面处理、油漆	图纸、技术协议、标准	100%	R	R	
12	油漆	品牌、漆膜厚度、颜色	技术协议	100%	W	R	
13	发运前检查	包装形式、唛头、箱单、资料、技术协议符合度	合同、技术协议	100%	H	R	

二、磨煤机

磨煤机是将煤块破碎并磨成煤粉的机械，是煤粉炉的重要辅助设备。可分为高速磨煤机、中速磨煤机和低速磨煤机等，其中以中速磨煤机和低速钢球磨煤机最为常用。磨煤机主要的作用就是将煤斗中的原煤磨成煤粉，煤粉在热空气的带动下进入锅炉炉膛内燃烧。磨煤机作为电力锅炉的制粉设备，其运行状态直接关系着电力锅炉的安全经济运行，其选型决定着燃烧状况，是影响锅炉运行水平的关键因素之一。

（一）中速磨煤机监造要点

1. 原材料检验

依据图纸、技术协议审查各部件原材料，包括化学成分分析、机械性能试验等资料；对进口部件检查报关单及商检报告、原产地证明等资料；对于直接使用轧制材料的构件或铸造而成的构件，应取得具有材料化学成分、机械性能等数据的钢厂原始材料质量证明书。

2. 各部件的尺寸、外观检验

依据图纸对各部件进行外观、尺寸、壁厚等检验，确保各部件尺寸在公差允许范围之内。

3. 磨辊等部件的热处理报告、堆焊层硬度检验

审查磨辊轴热处理报告，查验轴的热处理曲线等，依据图纸检验堆焊层硬度，查验磨辊表面质量情况；检验耐磨衬板硬度及化学成分。

4. 磨碗无损检验

磨碗 UT（超声波检测）检验，外观表面质量缺陷检查。

5. 减速机试验

减速箱试车试验，检验渗透、噪声、温升等。

6. 整机运行

根据试验大纲，对磨煤机进行整机运行试验，并检验各项数据。

（二）钢球磨煤机监造要点

1. 原材料检验

依据图纸、技术协议审查各部件原材料，包括化学成分分析、机械性能试验等资料，对进口部件检查报关单及商检报告、原产地证明等资料。

2. 主要部件的尺寸、外观检验

筒体（包括端盖）、中空轴等主要部件的外观、尺寸、壁厚等检验，确保各部件尺寸在公差允许范围之内。

3. 衬板检验

对衬板进行尺寸、硬度、化学成分检验，确保硬度和化学成分的元素含量满足图纸、标准、技术协议要求。

4. 钢球、大齿轮的检验

对钢球进行材质检验，确保钢球材质元素含量、硬度等满足技术协议要求；对大齿轮进行超声波探伤、热处理检验。

5. 外观检查

油漆、喷涂、标识检验。

（三）磨煤机质量见证项目

磨煤机质量见证项目见表 2-2 和表 2-3。

表 2-2　　　　　　　　　　中速磨煤机质量见证项目表

序号	部件名称	检验/试验项目	检验标准	检验比例	见证方式		备注
					买方	业主	
1	磨辊装置						
1.1	磨辊	化学成分分析、机械性能试验	JB/T 639	100%	R	R	
1.2	磨辊装置	尺寸检查	图纸	100%	R	R	
1.3	磨辊轴	热处理工艺包括时间、温度、曲线	JB/T 639	100%	R	R	
1.4	磨辊堆焊层	硬度检验	图纸	100%	W	W	
1.5	磨辊轴	剖面，表面缺陷检查	图纸	100%	R	R	
1.6	磨辊轴承	尺寸检查	图纸	100%	R	R	
1.7	磨辊装置	整体尺寸检查，检查所有试验报告	图纸，过程记录	100%	W	R	

续表

序号	部件名称	检验/试验项目	检验标准	检验比例	见证方式 买方	见证方式 业主	备注
2	磨碗、衬板	化学成分分析、机械性能试验	GB 11352	100%	R	R	
		尺寸检查	图纸	100%	R	R	
		硬度检验	图纸、标准	30%	W	R	
		尺寸检查（拼装检验）	图纸	100%	R	R	
		剖面，表面缺陷检查	图纸、标准	30%	W	R	
		整体尺寸检查，检查所有试验报告	图纸，过程记录	30%	W	R	
3	加载弹簧	性能	图纸	100%	R	R	
		尺寸检查	图纸	100%	R	R	
		整体尺寸检查，检查所有试验报告	图纸，过程记录	100%	W	R	
4	减速箱	化学成分分析、机械性能试验	图纸	100%	R	R	
		尺寸检查	图纸	100%	R	R	
		焊接工艺评定	图纸	100%	R	R	
		焊接检验、焊缝质量检验	图纸	100%	R	R	
		热处理时间、温度	JB/T 639	100%	R	R	
		齿轮及轴承制造质量	图纸	100%	R	R	
		试车：渗漏试验、噪声试验、温度试验	供货商试验大纲	100%	W	R	
		整体尺寸检查，检查所有试验报告	图纸，过程记录	100%	W	R	
5	壳体、旋转分离器	化学成分分析、机械性能试验	图纸	100%	R	R	
		尺寸检查	图纸	100%	R	R	
		焊接检验、焊缝质量检查	图纸	100%	R	R	
		耐磨衬板硬度检验	图纸、标准	50%	W	R	
		整体尺寸检查，检查所有试验报告	图纸，过程记录	100%	W	R	
6	整机	装配过程	图纸	100%	R	R	
		空载试车	试验大纲	每台机组一个	H	W	
7	油漆	品牌、漆膜厚度、颜色	技术协议	100%	W	R	
8	发运前检查	包装形式、唛头、箱单、资料、技术协议符合度	合同、技术协议	100%	H	R	

表 2-3 钢球磨煤机质量见证项目表

序号	部件名称	检验/试验项目	检验标准	检验比例	见证方式 买方	见证方式 业主	备注
1	筒体（包含端盖）						
1.1	原材料	化学成分分析、机械性能试验	JB/T 639	100%	R	R	
1.2	筒体	尺寸测量；形位公差；粗糙度、筒体孔距尺寸；直线度	图纸	100%	R	R	
1.3	焊缝	超声波探伤	图纸、技术协议	100%	W	R	
1.4	端盖	超声波和磁粉探伤及报告	图纸	100%	W	R	
2	中空轴	化学成分分析、机械性能试验	GB 11352	100%	R	R	
		尺寸检查	图纸	100%	R	R	
		超声波探伤、磁粉探伤	图纸	100%	W	R	
3	主轴承、轴承座						
3.1	原材料	化学成分分析、机械性能试验	GB 11352	100%	R	R	
3.2	尺寸	尺寸检查	图纸	100%	R	R	
3.3	主轴瓦与轴承座刮研	接触面积	图纸，过程记录	100%	W	R	
3.4	轴承座与底板	接触面均匀性	图纸	100%	W	R	
3.5	对冷却水道	压力试验	图纸	100%	W	R	
3.6	高压润滑管件试验	压力试验	图纸	100%	W	R	
3.7	主轴承	产品标识	合同标准、图纸	100%	W	R	
4	球面瓦						
4.1	原材料	化学成分分析、机械性能试验	图纸	100%	R	R	
4.2	整体	尺寸检查	图纸	100%	R	R	
4.3	轴承合金与瓦体	不得裂缝，脱落，缺陷	图纸	100%	W	R	
4.4	油嘴与油管	压力试验	图纸	100%	W	R	
4.5	对冷却水道	压力试验	图纸	100%	W	R	
4.6	球面瓦	球外圆、内孔、宽	图纸	100%	W	R	
5	大齿轮、小齿轮	原材料化学成分分析、机械性能试验	图纸	100%	R	R	
		尺寸检查	图纸	100%	W	R	
		无损探伤	图纸	100%	W	R	
		热处理报告	图纸	100%	R	R	
		硬度合格	图纸	100%	W	R	

续表

序号	部件名称	检验/试验项目	检验标准	检验比例	见证方式 买方	见证方式 业主	备注
6	油漆	品牌、漆膜厚度、颜色	技术协议	100%	W	R	
7	发运前检查	包装形式、唛头、箱单、资料、技术协议符合度	合同、技术协议	100%	H	R	

三、静电除尘器/电袋复合除尘器

静电除尘器是利用静电除尘技术的一种除尘设备，主要工作原理是含尘气体经过高压静电场时被电分离，尘粒与负离子结合带上负电后，趋向阳极表面放电而沉积。静电除尘器的性能受粉尘性质、设备构造和烟气流速等多个因素影响。粉尘的比电阻是评价导电性的指标，它对除尘效率有直接的影响。比电阻过低，尘粒难以保持在集尘电极上，致使其重返气流；比电阻过高，到达集尘电极的尘粒电荷不易放出，在尘层之间形成电压梯度会产生局部击穿和放电现象。这些情况都会造成除尘效率下降。静电除尘器的电源由控制箱、升压变压器和整流器组成。电源输出的电压高低对除尘效率也有很大影响。因此，静电除尘器运行电压需保持 40~75kV 乃至 100kV 以上。静电除尘具有除尘效率高、能量耗用少、阻力小等优势，可以将大流量的气体，高温、腐蚀性气体中的粉尘加以收集清除，且具有较高的自动化性能。因此，静电除尘在工业生产，比如电力锅炉、水泥等生产中具有广泛的应用。

电袋复合除尘器，是一种有机集成静电除尘和过滤除尘两种除尘机理的新型节能高效除尘器。电袋复合除尘器采用高频高压电源供电、整体式布局，电、袋区过渡结构等多项特色技术，电袋复合除尘器充分发挥静电除尘器和布袋除尘器的优点，有效地弥补了两种除尘器的缺点，电袋复合除尘器除尘效率高、占地面积小等特点。

（一）静电除尘器/电袋复合除尘器监造要点

1. 原材料检验

依据图纸、技术协议审查各部件原材料，包括化学成分分析、机械性能试验等资料，对进口部件检查报关单及商检报告、原产地证明等资料。

2. 各部件的尺寸、外观检验

依据图纸对各部件进行外观、尺寸、壁厚等检验，确保各部件尺寸在公差允许范围之内。主要包括钢结构、壁板、灰斗、喇叭板等。

3. 部件装配检验

阴极框架、阳极板装配尺寸检验。

4. 滤袋和袋笼检验

滤袋（电袋除尘器）布料抽样检验，尺寸检验；袋笼外观、尺寸检验，膜厚附着力检验。

5. 电气部分设备检验

高压、低压电器系统性能测试。

6. 油漆、外观检验

油漆、喷涂、标识检验。

（二）静电除尘器 / 电袋复合除尘器质量见证项目

静电除尘器 / 电袋复合除尘器质量见证项目见表 2-4。

表 2-4 静电除尘器 / 电袋复合除尘器质量见证项目表

序号	部件名称	检验 / 试验项目	检验标准	检验比例	见证方式 买方	见证方式 业主	备注
1	阳极排板	材料检查	图纸	100%	R	R	
		尺寸和外观检查	图纸	100%	R	R	
		焊接质量	电除尘器焊接件的技术要求	100%	R	R	
		整体尺寸检查，检查所有试验报告	图纸、技术协议	10%	W	R	
2	阴极框架	原材料化学成分及机械性能测试	图纸、技术协议	100%	R	R	
		阴极线的尺寸和外观检查	图纸、技术协议	100%	R	R	
		焊缝外观检查	图纸、技术协议	100%	R	R	
		装配件主要尺寸和外观检查	图纸、技术协议	20%	W	R	
		框架整体尺寸检查，检查所有试验报告	图纸、技术协议	20%	W	R	
3	梁	原材料化学成分及机械性能测试	图纸、技术协议	100%	R	R	
		装配件主要尺寸和外观检查	图纸、技术协议	100%	R	R	
		对接焊缝、角焊缝的外观检查	图纸、技术协议	50%	W	R	
		整体尺寸检查，检查所有试验报告	图纸、技术协议	50%	W	R	
4	立柱、宽立柱	原材料化学成分及机械性能测试	图纸、技术协议	100%	R	R	
		装配件主要尺寸和外观检查	图纸、技术协议	20%	W	R	
		立柱装配尺寸和外观检查	图纸、技术协议	50%	W	R	
		立柱对接焊缝、角焊缝的射线或超声试验	图纸、技术协议	50%	W	R	
		整体尺寸检查，检查所有试验报告	图纸、技术协议	50%	W	R	
5	阴极砧梁	原材料化学成分及机械性能测试	图纸、技术协议	100%	R	R	
		装配件主要尺寸和外观检查	图纸、技术协议	20%	W	R	

续表

序号	部件名称	检验/试验项目	检验标准	检验比例	见证方式 买方	见证方式 业主	备注
5	阴极砧梁	装配尺寸和外观检查	图纸、技术协议	20%	W	R	
		对接焊缝、角焊缝的射线或超声试验		20%	W	R	
		整体尺寸检查，检查所有试验报告	图纸、技术协议	20%	W	R	
6	滤袋	质量证明书	图纸、技术协议	100%	R	R	
		尺寸和外观检查	图纸、技术协议	20%	W	R	
7	袋笼	材料质量证明书	图纸、技术协议	100%	R	R	
		袋笼长度、横圈直径、竖筋长度、垂直度检查	图纸、技术协议	100%	R	R	
		焊接检验，焊点光滑，无虚焊，漏焊	图纸、技术协议	100%	R	R	
		喷涂检验，膜厚及附着力检查	图纸、技术协议	20%	W	R	
8	花板	原材料化学成分及机械性能测试	图纸、技术协议	100%	R	R	
		尺寸和外观检查	图纸、技术协议	30%	W	R	
9	喷吹管	原材料化学成分及机械性能测试	图纸、技术协议	100%	R	R	
		尺寸和外观检查	图纸、技术协议	10%	W	R	
10	灰斗	化学成分及机械性能测试	图纸、技术协议	100%	R	R	
		尺寸和外观检查	图纸、技术协议	30%	W	R	
		焊接质量检验	电除尘器焊接件的技术要求	100%	R	R	
		整体尺寸检查，检查所有试验报告	图纸、技术协议	30%	W	R	
11	顶板	原材料化学成分及机械性能测试	图纸、技术协议	100%	R	R	
		尺寸和外观检查	图纸	30%	W	R	
		焊接质量检验	电除尘器焊接件的技术要求	100%	R	R	
		整体尺寸检查，检查所有试验报告	图纸、技术协议	30%	W	R	
12	气包	原材料化学成分及机械性能测试	图纸、技术协议	100%	R	R	
		尺寸和外观检查	图纸	100%	W	R	
		焊接质量检验	GB 11345	100%	R	R	

续表

序号	部件名称	检验/试验项目	检验标准	检验比例	见证方式买方	见证方式业主	备注
13	提升阀	原材料化学成分及机械性能测试	图纸、技术协议	100%	R	R	
		尺寸和外观检查	图纸、FE型电袋复合式除尘器	30%	W	R	
		焊接质量	电除尘器焊接件的技术要求	100%	R	R	
14	磁轴瓷套	原材料化学成分及机械性能测试	图纸、技术协议	100%	R	R	
		尺寸和外观检查	图纸	30%	W	R	
		性能测试：耐压试验	图纸、技术协议	30%	W	R	
15	IPC	元器件化学成分及机械性能测试	图纸、抽样检验	100%	R	R	
		装配检验：IPC智能控制系统一般检验	图纸	100%	R	R	
		IPC高压通信（模拟）调试	图纸	100%	W	R	
		IPC与低压联合调试		100%	W	R	
		外观检验	合同标准、图纸	100%	W	R	
16	高压静电除尘器用整流设备						
16.1	元器件检查	化学成分及机械性能测试	图纸、抽样检验	100%	R	R	
16.2	整流设备	一般检验外观检查	图纸、程序要求	100%	W	R	
		输出直流电压	图纸、程序要求	100%	W	R	
		额定输出直流电流	图纸、程序要求	100%	W	R	
		耐压试验	图纸、程序要求	100%	W	R	
		空载试验	图纸、程序要求	100%	W	R	
		负载试验	图纸、程序要求	100%	W	R	
16.2	整流设备	触发性能检查	图纸、程序要求	100%	W	R	
		过载保护试验	图纸、程序要求	100%	W	R	
		短路及短路保护实验	图纸、程序要求	100%	W	R	
		闪络性能试验	图纸、程序要求	100%	W	R	
		通信性能试验	图纸、程序要求	100%	W	R	
16.3	油漆、保存	外观	合同标准、图纸	100%	W	R	
17	高压整流设备						
17.1	元器件检查	质量证明书及合格证	图纸、抽样检验	100%	R	R	

续表

序号	部件名称	检验/试验项目	检验标准	检验比例	见证方式 买方	见证方式 业主	备注
17.2	整体整流设备	外观检查	图纸、程序要求	100%	R	R	
		绝缘性能试验	图纸、程序要求	100%	W	R	
		振打控制功能试验	图纸、程序要求	100%	W	R	
		卸输灰控制功能试验	图纸、程序要求	100%	W	R	
		其他功能试验	图纸、程序要求	100%	W	R	
		恒温加热功能试验	图纸、程序要求	100%	W	R	
		综合事故报警试验	图纸、程序要求	100%	W	R	
		安全联锁控制试验	图纸、程序要求	100%	W	R	
		通信试验	图纸、程序要求	100%	W	R	
		除尘器温度检测与显示试验	图纸、程序要求	100%	W	R	
		仓振控制试验	图纸、程序要求	100%	W	R	
18	油漆	品牌、漆膜厚度、颜色	技术协议	100%	W	R	
19	发运前检查	包装形式、唛头、箱单、资料、技术协议符合度	合同、技术协议	100%	H	R	

四、送风机

送风机是锅炉的主要辅机之一，是供给锅炉燃料燃烧所需空气的风机，其作用是将从大气中吸入的空气送入空气预热器，加热到设计温度后，作为锅炉的二次风直接经燃烧器送入锅炉炉膛，或作为三次风经燃烧器送入炉膛。

（一）送风机监造要点

1. 原材料检验

依据图纸、技术协议审查各部件原材料，包括化学成分分析、机械性能试验等资料，对进口部件检查报关单及商检报告、原产地证明等资料。

2. 各部件尺寸、外观检验

依据图纸对各部件进行外观、尺寸、壁厚等检验，确保各部件尺寸在公差允许范围之内。

3. 动平衡试验

见证轮毂动平衡试验，试验结果符合试验规程要求。

4. 部件无损探伤

叶轮PT（渗透检测），外观表面质量缺陷检查，见证叶片电子平衡试验。

5. 调节力试验

带叶片轮毂在试验台上调节力试验。

6. 轴承箱检验

主轴箱性能试验及液压缸性能试验。

7. 部件试拼装

静态件试组装检验，检验装配情况、尺寸等。

8. 油漆外观检验

油漆、喷涂、标识检验。

（二）送风机质量见证项目

送风机质量见证项目见表 2-5。

表 2-5　　　　　　　　　　送风机质量见证项目表

序号	部件名称	检验／试验项目	检验标准	检验比例	见证方式		备注
					买方	业主	
1	轮毂	化学成分分析、机械性能	图纸、技术协议	100%	R	R	
		轮毂锻件 UT（超声波检测）	图纸、技术协议	100%	R	R	
		轮毂焊缝 UT（超声波检测）和 MT（磁粉检测）	图纸、技术协议	10%	R	R	
		叶片枢纽尺寸检验	图纸、技术协议	10%	R	R	
		叶片枢纽 MT（磁粉检测）	图纸、技术协议	10%	R	R	
		调节杆尺寸检验	图纸、技术协议	10%	R	R	
		调节杆 MT（磁粉检测）	图纸、技术协议	100%	R	R	
		轮毂尺寸检验	图纸、技术协议	100%	R	R	
		轮毂动平衡	图纸、技术协议	100%	W	R	
2	叶片	化学成分分析、机械性能	图纸、技术协议	100%	R	R	
		叶片 PT（渗透检测）	图纸、技术协议	100%	W	R	
		尺寸检验	图纸、技术协议	100%	R	R	
		整套叶片电子平衡	图纸、技术协议	100%	W	R	
3	带叶片轮毂	调节力试验	图纸、技术协议	100%	W	R	
4	主轴装配	主轴化学成分分析、机械性能	图纸、技术协议	100%	R	R	
		热处理	图纸、技术协议	100%	R	R	
		主轴 UT（超声波检测）	图纸、技术协议	100%	R	R	
		主轴加工后 MT（磁粉检测）	图纸、技术协议	100%	R	R	
		主轴尺寸检验	图纸、技术协议	100%	R	R	
		轴承箱焊缝 UT（超声波检测）或 PT（渗透检测）	图纸、技术协议	100%	R	R	
		轴承箱尺寸、外观检验	图纸、技术协议	100%	R	R	
		主轴箱性能测试	图纸、技术协议	100%	W	R	
		液压缸性能测试	图纸、技术协议	100%	W	R	

续表

序号	部件名称	检验/试验项目	检验标准	检验比例	见证方式 买方	见证方式 业主	备注
5	风机静态件	吊耳、壳焊缝 MT（磁粉检测）或 PT（渗透检测）	图纸、技术协议	100%	R	R	
		风机外壳外观、尺寸检查	图纸、技术协议	100%	R	R	
		风机外壳外观、尺寸检查	图纸、技术协议	100%	R	R	
		静态部件试装配	图纸、技术协议	100%	W	R	
6	油漆	品牌、漆膜厚度、颜色	图纸、技术协议	100%	W	R	
7	发运前检查	包装形式、唛头、箱单、资料、技术协议符合度	合同、技术协议	100%	H	R	

五、引风机

引风机是将锅炉燃烧产物（烟气）从锅炉尾部吸出并经烟囱排入大气的风机，又称吸风机，通常布置在除尘器之后。电力锅炉采用的引风机有离心式、轴流式（包括静叶调节和动叶调节）和混流式三种。大型离心风机多采用双吸双支撑结构及双速电动机驱动，以减小叶轮直径，提高抗振动能力和改善调节性能。轴流式引风机因其叶片和蜗壳间的间隙较小，叶轮转速较高，磨损敏感性大于离心式引风机。离心式引风机虽然对磨损适应性好些，但因叶片与含尘烟气接触的面积比轴流式引风机的大，故积灰的现象较轴流式更为严重。

（一）引风机监造要点

1. 原材料检验

依据图纸、技术协议审查各部件原材料，包括化学成分分析、机械性能试验等资料，对进口部件检查报关单及商检报告、原产地证明等资料。

2. 各部件尺寸、外观检验

依据图纸对各部件进行外观、尺寸、壁厚等检验，确保各部件尺寸在公差允许范围之内。

3. 动平衡试验

见证叶轮动平衡试验，试验结果符合试验规程要求。

4. 部件无损探伤

叶轮 PT（渗透检测），外观表面质量缺陷检查。

5. 部件组装

静态件试组装检验。

6. 油漆、外观检验

油漆、喷涂、标识检验。

（二）引风机质量见证项目

引风机质量见证项目见表 2-6。

表 2-6　　　　　　　　　　　　　　引风机质量见证项目表

序号	部件名称	检验／试验项目	检验标准	检验比例	见证方式 买方	见证方式 业主	备注
1	机壳、扩压器	材料质量证明书	图纸、技术协议	100%	R	R	
		焊缝外观检查	图纸、技术协议	100%	R	R	
2	主轴	材料质量证明书	GB/T 3077	100%	R	R	
		调质热处理记录	图纸、技术协议	100%	R	R	
		调质后机械性能报告	JB/T 6396	100%	R	R	
		无损检测报告	JB/T 5000.15	100%	R	R	
		尺寸检查记录	图纸	100%	R	R	
3	轮毂	材料质量证明书	GB/T 3077	100%	R	R	
		无损检测报告	JB/T 5000.15	100%	R	R	
		整体热处理	图纸	100%	R	R	
		尺寸检查记录	图纸	100%	R	R	
4	叶片	材料质量证明书	GB 713	100%	R	R	
		无损检测报告	JB/T 5000	100%	R	R	
5	叶轮	叶轮动平衡	JB/T 9101	100%	W	R	
		叶轮转子组运转试验	JB/T 9101	100%	W	R	
6	油站	不锈钢等原材料材质证明	图纸、技术协议	100%	R	R	
		油站质量证明书	图纸、技术协议	100%	R	R	
		油箱渗漏试验	图纸、技术协议	100%	W	R	
		冷却器质量证明书	图纸、技术协议	100%	R	R	
		油泵试运转试验	图纸、技术协议	100%	W	R	
7	轴承箱	轴承箱材质合格证明	图纸、技术协议	100%	R	R	
		渗透试验	图纸、技术协议	100%	R	R	
8	联轴器	材料质量证明书	GB/T 3077	100%	R	R	
		无损检测报告	JB/T 5000.15	100%	R	R	
9	调节器	调节叶片装配记录	图纸、技术协议	100%	R	R	
		行程试验	图纸、技术协议	100%	R	R	
10	油漆	品牌、漆膜厚度、颜色	技术协议	100%	W	R	
11	发运前检查	包装形式、唛头、箱单、资料、技术协议符合度	合同、技术协议	100%	H	R	

六、一次风机

一次风机是供给锅炉燃料燃烧所需一次空气的风机。按其在系统中的作用，有冷一次风机和热一次风机之分。冷一次风机布置于锅炉零米，提供所需能量，使空气通过空气预热器、磨煤机，并输送煤粉经燃烧器进入炉膛燃烧；热一次风机布置于空气预热器之后，将预热器出口的高温空气送入制粉系统作为干燥剂，随后将煤粉经燃烧器送入炉膛燃烧。

（一）一次风机监造要点

1. 原材料检验

依据图纸、技术协议审查各部件原材料，包括化学成分分析、机械性能试验等资料，对进口部件检查报关单及商检报告、原产地证明等资料。

2. 各部件尺寸、外观检验

依据图纸对各部件进行外观、尺寸、壁厚等检验，确保各部件尺寸在公差允许范围之内。

3. 动平衡试验

轮毂动平衡试验，试验结果符合试验规程要求。

4. 部件无损探伤

叶轮 PT（渗透检测），外观表面质量缺陷检查。

5. 调节力试验

带叶片轮毂在实验台上调节力试验。

6. 部件装配检验

主轴装配尺寸检查，以及静态件试组装检验。

7. 整机试验

整机试车，检验噪声、振动、温升等。

8. 油漆、外观检验

油漆、喷涂、标识检验。

（二）一次风机质量见证项目

一次风机质量见证项目见表 2-7。

表 2-7 　　　　　　　　　　一次风机质量见证项目表

序号	部件名称	检验/试验项目	检验标准	检验比例	见证方式 买方	见证方式 业主	备注
1	轮毂	化学成分分析、机械性能	图纸、技术协议	100%	R	R	
		轮毂表面 MT（磁粉检测）	图纸、技术协议	100%	R	R	
		叶片枢纽尺寸检查	图纸、技术协议	100%	R	R	
		叶片枢纽 MT（磁粉检测）	图纸、技术协议	100%	R	R	
		调节杆尺寸检验	图纸、技术协议	100%	R	R	
		调节杆 MT（磁粉检测）	图纸、技术协议	100%	R	R	
		轮毂尺寸检验	图纸、技术协议	100%	R	R	
		轮毂动平衡	图纸、技术协议	100%	W	R	

续表

序号	部件名称	检验/试验项目	检验标准	检验比例	见证方式 买方	见证方式 业主	备注
2	叶片	化学成分分析、机械性能	图纸、技术协议	100%	R	R	
		叶片 PT（渗透检测）	图纸、技术协议	100%	W	R	
		尺寸检验	图纸、技术协议	100%	R	R	
		整套叶片电子平衡	图纸、技术协议	100%	W	R	
3	带叶片轮毂	调节力试验	图纸、技术协议	100%	W	R	
4	主轴	主轴化学成分分析、机械性能	图纸、技术协议	100%	R	R	
		热处理	图纸、技术协议	100%	R	R	
		主轴 UT（超声波检测）	图纸、技术协议	100%	R	R	
		主轴加工后 MT（磁粉检测）	图纸、技术协议	100%	R	R	
		主轴尺寸检验	图纸、技术协议	100%	R	R	
		轴承箱焊缝 UT（超声波检测）或 PT（渗透检测）	图纸、技术协议	100%	R	R	
		轴承箱尺寸、外观检验	图纸、技术协议	100%	R	R	
		主轴箱性能测试	图纸、技术协议	100%	W	R	
		液压缸性能测试	图纸、技术协议	100%	W	R	
5	风机静态件	吊耳、壳焊缝 MT（磁粉检测）或 PT（渗透检测）	图纸、技术协议	100%	R	R	
		风机外壳外观、尺寸检查	图纸、技术协议	100%	R	R	
		风机外壳外观、尺寸检查	图纸、技术协议	100%	R	R	
		中间尺寸、外观检验	图纸、技术协议	100%	R	R	
		静态部件试装配	图纸、技术协议	100%	W	R	
6	整机	试转（振动、温度、噪声）	图纸、技术协议	100%	H	W	
7	油漆	品牌、漆膜厚度、颜色	技术协议	100%	W	R	
8	发运前检查	包装形式、唛头、箱单、资料、技术协议符合度	合同、技术协议	100%	H	R	

七、叶轮给煤机

叶轮给煤机是火力发电厂缝隙式煤沟中不可缺少的主要设备。它可沿煤沟纵向轴道行走或停在一处将煤定量、均匀连续地拨到输煤皮带上。叶轮给煤机按传动方式可分为上传动和下传动，按结构形式可分为桥式和门式，按给料方式可分为单侧和双侧两种。叶轮给煤机主要由驱动装置、叶轮传动装置、行车传动装置、电气控制及机架组成。其特点如下：产品的设计根据用户的不同要求分门式、桥式和单侧与双侧及上拨料和下拨料；产品的拨料机构能在沿轨道前后行走中拨料，无空行程，也可设定时拨料；拨料机构设变频调速，可根据现场所需调整给料量，耗能小，且运行安全；拨料和行走设置独立的传动装置，四个主动轮同步性好，便于安装和维护；箱式结构，结构新颖、美观大方。

（一）叶轮给煤机监造要点

1. 原材料检验

依据图纸、技术协议审查各部件原材料，包括化学成分分析、机械性能试验等资料，对进口部件检查报关单及商检报告、原产地证明等资料。

2. 各部件尺寸、外观检验

依据图纸对各部件进行外观、尺寸、壁厚等检验，确保各部件尺寸在公差允许范围之内。

3. 传动装置检验

传动装置表面质量检查，表面硬度检查，加工安装尺寸检查。

4. 整机装配检验

整机装配检验，安装接口主要尺寸检查，焊接表面质量检查。

5. 空载试车

整机转速检查，整机空载试车，检验温升、噪声、振动等。

6. 油漆、外观检验

油漆、喷涂、标识检验。

（二）叶轮给煤机质量见证项目

叶轮给煤机质量见证项目见表 2-8。

表 2-8　　　　　　　　　　　　叶轮给煤机质量见证项目表

序号	部件名称	检验/试验项目	检验标准	检验比例	见证方式		备注
					买方	业主	
1	本体部件	产品合格证、材质证明书	图纸、标准	100%	R	R	
		入厂材质复检报告	图纸、标准	100%	R	R	
		焊接材料质量证明	图纸、标准	100%	R	R	
		焊接检查	图纸、标准	100%	R	R	
		焊工合格证检查	图纸、标准	100%	R	R	
		焊缝外观质量检查	图纸、标准	100%	W	R	
		焊后热处理工艺检查	图纸、标准	100%	R	R	
		无损探伤报告检查	图纸、标准	100%	R	R	
		无损探伤检查（壁厚、材质、焊接质量等）	图纸、标准	20%	W	R	
		焊后尺寸检查	图纸、标准	20%	W	R	
2	传动装置	表面质量检查	图纸、标准	100%	W	R	
		表面硬度检查	图纸、标准	100%	W	R	
		加工安装尺寸检查	图纸、标准	100%	W	R	

续表

序号	部件名称	检验/试验项目	检验标准	检验比例	见证方式 买方	见证方式 业主	备注
3	转子部件	静平衡试验	图纸、标准	100%	W	R	
		动平衡试验	图纸、标准	100%	W	R	
4	整机	安装接口尺寸检查	图纸、标准	100%	W	R	
		焊接主要尺寸、焊缝及母材表面质量检查	图纸、标准	100%	W	R	
		转速检查	图纸、标准	100%	W	R	
		空载试验	图纸、标准	100%	H	R	
5	油漆	品牌、漆膜厚度、颜色	技术协议	100%	W	R	
6	发运前检查	包装形式、唛头、箱单、资料、技术协议符合度	合同、技术协议	100%	H	R	

八、称重给煤机

称重给煤机是按预定程序和设定的给料量，用输送带连续输送称量固体散状物料的定量给料设备。其计量和控制过程为连续和自动进行，通常不需要操作人员的干预就可以完成设备启停、计量及流量控制等一系列工作。当来自料仓或其他给料设备的物料通过给煤机的输送皮带时，称重计量桥架就会对其进行重量检测（载荷信号），同时测速传感器对皮带进行速度检测（速度信号），载荷信号及速度信号一同被送入积算器中进行处理并在积算器的面板上显示瞬时流量及累计量。积算器还可将实测的瞬时流量值与用户提供的设定流量值进行比较，并根据偏离大小输出相应的控制信号提供给变频器来改变主驱动减速电动机转速，从而改变输送皮带带速，使给料量与用户设定值一致，完成恒定给料流量的控制。

称重给煤机主要有给煤机本体、电气控制系统、积算器等组成。其中本体包含封闭的外壳、皮带输送装置、称重计量装置、测速装置、清扫装置、照明灯以及其他部件等。

（一）称重给煤机监造要点

1. 原材料检验

依据图纸、技术协议审查各部件原材料，包括化学成分分析、机械性能试验等资料，对进口部件检查报关单及商检报告、原产地证明等资料。

2. 各部件尺寸、外观检验

依据图纸对各部件进行外观、尺寸、壁厚等检验，确保各部件尺寸在公差允许范围之内。

3. 装配及性能试验

各部件进行组装，并依据试验大纲对整机进行性能测试，检验各项性能是否合格。

4. 油漆、外观检验

油漆、喷涂、标识检验。

（二）称重给煤机质量见证项目

称重给煤机质量见证项目见表 2-9。

表 2-9　　　　　　　　　　　称重给煤机质量见证项目表

序号	部件名称	检验/试验项目	检验标准	检验比例	见证方式		备注
					买方	业主	
1	材料检验						
1.1	板材	化学成分、机械性能	合同标准、图纸	100%	R	R	
1.2	套管	化学成分、机械性能	合同标准、图纸	100%	R	R	
1.3	前部滚筒和后部滚筒	化学成分、机械性能	合同标准、图纸	100%	R	R	
1.4	传送带	机械性能	合同标准、图纸	100%	R	R	
1.5	带电动机的减速箱	合格证明书	合同标准、图纸	100%	R	R	
1.6	控制柜，电子设备，传感器，监视器等仪器	合格证明书	工厂标准	100%	R	R	
1.7	轴承	合格证明书	工厂标准	100%	R	R	
2	过程检验						
2.1	套管	测量	根据图纸	100%	R	R	
		表面质量	根据图纸	100%	R	R	
2.2	焊缝	焊接工艺评定	工厂标准	100%	R	R	
	焊缝检验	表面质量	图纸、标准	100%	R	R	
		焊接尺寸	根据图纸	100%	R	R	
	磨削加工	全部尺寸、部件定位	根据图纸	100%	R	R	
2.3	前部滚筒和后部滚筒	尺寸检验	图纸、标准	100%	R	R	
3	组装、测试						
3.1	传送带	抗拉强度	图纸、标准	100%	W	R	
		黏结强度试验	图纸、标准	100%	W	R	
		难燃性试验	图纸、标准	100%	W	R	
		耐磨试验	图纸、标准	100%	W	R	
		尺寸、外观	根据图纸	100%	W	R	
		长度	根据图纸	100%	W	R	
3.2	前部滚筒和后部滚筒	运行测试	工厂标准	100%	W	R	
3.3	测力传感器	性能	工厂标准	100%	R	R	
3.4	电动机和减速箱	试运行	图纸、标准	100%	W	R	
3.5	整体装配	完善度和性能测试	工厂标准	100%	W	R	
3.6	壳体	给煤机密封测试	工厂标准	100%	W	R	

续表

序号	部件名称	检验/试验项目	检验标准	检验比例	见证方式 买方	见证方式 业主	备注
3.7	整机	性能测试称量准确度	工厂标准	100%	W	R	
		防爆试验，安全检查	工厂标准	100%	R	R	
4	油漆	品牌、漆膜厚度、颜色	技术协议	100%	W	R	
5	发运前检查	包装形式、唛头、箱单、资料、技术协议符合度	合同、技术协议	100%	H	R	

九、捞渣机

捞渣机设备安装在炉膛出渣口下，它由上、下两层槽体、溢槽、驱动装置、传动装置、导向装置组成。炉渣经过渣井、关断门，落入捞渣机上部水槽中，灰渣被冷却炸裂并沉淀于槽底，随输送刮板的运动而逐渐抬高，沥去大部分冷却水并排出，装机外运。刮板捞渣机是由壳体部分、链条刮板部分、动力驱动部分、控制系统部分组成。

（一）捞渣机监造要点

1. 原材料检验

依据图纸、技术协议审查各部件原材料，包括化学成分分析、机械性能试验等资料，对进口部件检查报关单及商检报告、原产地证明等资料。需要注意的是，捞渣机设备的磨损非常严重，应重点关注材料的耐磨性，如刮板采用一层 12mm 的 16Mn 钢板加厚制作。

2. 各部件尺寸、外观检验

检验各部件的尺寸、壁厚情况，结构尺寸符合图纸或技术协议要求。

3. 刮板、链条检验

检验各部件的尺寸、壁厚情况，结构尺寸符合图纸或技术协议要求。

4. 焊接检验

检验设备焊接情况，重点检查夹渣、气孔和表面裂纹等缺陷，检查焊工资质证书与所焊接的构件类别相适应。

5. 整机运行

检查整机试运转的转速、轴承温升、振动、电动机电流和电压、噪声等。

（二）捞渣机质量见证项目

捞渣机质量见证项目见表 2-10。

表 2-10   捞渣机质量见证项目表

序号	部件名称	检验/试验项目	检验标准	检验比例	见证方式 买方	见证方式 业主	备注
1	本体部件	产品合格证、材质证明书	图纸、标准	100%	R	R	
		入厂材质复检报告	图纸	100%	R	R	

续表

序号	部件名称	检验/试验项目	检验标准	检验比例	见证方式 买方	见证方式 业主	备注
1	本体部件	焊接材料质量证明	图纸、标准	100%	R	R	
		焊接检查	图纸	100%	R	R	
		焊工合格证检查	图纸、标准	100%	R	R	
		焊缝外观质量检查	图纸	30%	W	R	
		焊后热处理工艺检查	图纸	100%	R	R	
		无损探伤报告检查	图纸,过程记录	100%	R	R	
		无损探伤检查(壁厚、材质、焊接质量等)	图纸,过程记录	20%	W	R	
		焊后尺寸检查	图纸、标准	20%	W	R	
2	链条、链轮传动装置输送组件	表面质量检查	图纸、标准	100%	W	R	
		表面硬度检查	图纸、标准	100%	W	R	
		加工安装尺寸检查	图纸、标准	100%	W	R	
3	液压关断门	开闭灵活可靠	图纸、标准	100%	W	R	
4	整机	安装接口尺寸检查	图纸,过程记录	100%	W	R	
		焊接主要尺寸、焊缝及母材表面质量检查	图纸,过程记录	100%	W	R	
		运转试验	图纸	100%	H	R	
		泄漏试验	图纸	100%	H	R	
		空载试验	图纸,过程记录	100%	H	R	
5	油漆	品牌、漆膜厚度、颜色	技术协议	100%	W	R	
6	发运前检查	包装形式、唛头、箱单、资料、技术协议符合度	合同、技术协议	100%	H	R	

十、斗轮机

斗轮机全称为斗轮堆取料机,是现代化工业大宗散状物料连续装卸的高效设备,目前已经广泛应用于发电厂、大型港口、码头等场所,根据不同的结构斗轮取料机主要可分为悬臂式斗轮堆取料机、桥式堆取料机、门式斗轮堆取料机及用于圆形料场的圆形料场式斗轮堆取料机。

根据行走方式的不同,斗轮堆取料机主要有轨道式、履带式和固定式三种,斗轮堆取料机具有走行、回转、俯仰功能,主要由大车行走机构、臂架回转机构、俯仰机构、斗轮机构、悬臂胶带机构、尾车机构、电气室等组成。

（一）斗轮机监造要点

1. 原材料检验

依据图纸、技术协议审查各部件原材料，包括化学成分分析、机械性能试验等资料，对进口部件检查报关单及商检报告、原产地证明等资料。

2. 各部件尺寸、外观检验

依据图纸对各部件进行外观、尺寸、壁厚等检验，确保各部件尺寸在公差允许范围之内。

3. 轴和齿轮的检验

审查转盘齿轮热处理报告，查验轴的热处理曲线等，查验轮斗的硬度及表面质量检验。

4. 减速机试车

减速箱试车试验，检验渗透、噪声、温升等。

5. 油漆、外观检验

油漆、喷涂、标识检验。

（二）斗轮机质量见证项目

斗轮机质量见证项目见表 2-11。

表 2-11 斗轮机质量见证项目表

序号	部件名称	检验 / 试验项目	检验标准	检验比例	见证方式 买方	见证方式 业主	备注
1	主结构原材料	原材料检验	图纸、技术协议、标准	100%	R	R	
2	斗轮机构	轮体原材料、焊接检验	图纸、技术协议、标准	100%	R	R	
		斗轮轴、斗齿检验 [材质证明、化学分析、机械性能、热处理 / 调质证明、UT（超声波检测）证明]	图纸、技术协议、标准	100%	R	R	
		斗轮驱动液压电动机（整套驱动单元）组装机运转报告	图纸、技术协议、标准	100%	R	R	
3	悬臂胶带机	悬臂胶带机驱动装置空载试车	图纸、技术协议、标准	100%	W	R	
		电动机（目测和外型尺寸测量报告；核对检测报告：电流、电压、温升、噪声等，合格证、使用说明书）	图纸、技术协议、标准	100%	R	R	
		耦合器、制动器（合格证、使用说明书）	图纸、技术协议、标准	100%	R	R	
		减速机（①目测和外型尺寸测量，关键齿轮等件报告及尺寸检测记录；②核对检测报告：速比，输入、输出扭矩等）	图纸、技术协议、标准	100%	R	R	

续表

序号	部件名称	检验/试验项目	检验标准	检验比例	见证方式 买方	见证方式 业主	备注
3	悬臂胶带机	驱动单元组装试运试验	图纸、技术协议、标准	100%	W	R	
		托辊试验（①检查防尘试验、防水试验抽检报告；②检查空载转动运行抽检报告、动态摩擦系数抽检报告；③目测及关键尺寸检测报告）	图纸、技术协议、标准	100%	W	R	
		滚筒本体试验[①目测及关键尺寸检测报告；②钢结构件本体对接焊缝UT（超声波检测）报告]	图纸、技术协议、标准	100%	R	R	
		滚筒胶面层试验（①胶面阻燃性试验报告；②胶面与本体附着力试验报告；③胶面强度、耐磨性检测报告）	图纸、技术协议、标准	100%	W	R	
		胶带机胶带试验（①拉伸强度、延伸率等；②附着力试验报告；③耐热、耐燃、耐磨试验报告；④目测及胶带厚度检测报告）	图纸、技术协议、标准	100%	W	R	
4	回转驱动机构	电动机（目测和外型尺寸测量报告；核对检测报告：电流、电压、温升、噪声等，合格证、使用说明书）	图纸、技术协议、标准	100%	R	R	
		减速机（①目测和外型尺寸测量，关键齿轮等件报告及尺寸检测记录；②核对检测报告：速比、输入、输出扭矩等；③空载试车）	图纸、技术协议、标准	100%	W	R	
		带齿圈的回转轴承检验（①目测和外型尺寸测量报告；②齿圈齿轮热处理及机械性能报告；③轴承滚珠目测及主要尺寸检测报告；④整体组装检测报告）	图纸、技术协议、标准	100%	R	R	
		回转驱动机构空载试车	图纸、技术协议、标准	100%	W	R	
5	大车行走机构	车轮原材料质保书	图纸、技术协议、标准	100%	R	R	
		车轮硬度	图纸、技术协议、标准	100%	R	R	

序号	部件名称	检验/试验项目	检验标准	检验比例	见证方式		备注
					买方	业主	
5	大车行走机构	车轮质量检测报告	图纸、技术协议、标准	100%	R	R	
		行走机构装配记录	图纸、技术协议、标准	100%	R	R	
		行走驱动装置空载试车	图纸、技术协议、标准	100%	R	R	
		行走驱动装置质量检测报告	图纸、技术协议、标准	100%	R	R	
6	其他金属构件	原材料检验	图纸、技术协议、标准	100%	R	R	
		对接焊缝外观检验	图纸、焊接工艺规程	100%	R	R	
		金属构件装配尺寸检验	图纸、标准	100%	R	R	
		金属构件焊缝探伤检验	图纸、焊接工艺规程	100%	R	R	
7	行走铰接轴	铰接轴原材料质保书	图纸、技术协议、标准	100%	R	R	
		铰接轴质量检测报告	图纸、技术协议、标准	100%	R	R	
		铰接轴单轴加工记录	图纸、技术协议、标准	100%	R	R	
8	其他装置						
8.1	俯仰液压系统	液压系统及液压缸试验（①液压缸空载摩擦阻力检测报告；②液压系统渗漏实验报告；③液压系统防爆功能检测）	图纸、技术协议、标准	100%	R	R	
8.2	集中润滑装置	产品合格证、使用说明书；关键件压力试验报告	图纸、技术协议、标准	100%	R	R	
8.3	洒水驱动单元	产品合格证、使用说明书，试运报告	图纸、技术协议、标准	100%	R	R	
8.4	卷筒	产品合格证、使用说明书、调试手册等	图纸、技术协议、标准	100%	R	R	
8.5	变压器	产品合格证、耐压试验	图纸、技术协议、标准	100%	R	R	
8.6	PLC	产品合格证、使用说明书、调试手册等	图纸、技术协议、标准	100%	R	R	

序号	部件名称	检验 / 试验项目	检验标准	检验比例	见证方式 买方	见证方式 业主	备注
9	油漆	品牌、漆膜厚度、颜色	技术协议	100%	W	R	
10	发运前检查	包装形式、唛头、箱单、资料、技术协议符合度	合同、技术协议	100%	H	R	

十一、滚轴筛

滚轴筛的功能主要是将符合规定要求粒度以下的煤块和煤粉都分选出来，直接落入输送皮带运入煤仓，留下来大的煤块再进行破碎（总煤量的1/3），破碎后再落入输送皮带，入煤仓。

滚轴筛组成包括传动机构和筛机本体。传动机构由电动机、减速器、锥齿轮减速箱等组成。筛机本体包括筛轴、筛框和筛盘。滚轴筛的筛面由很多根平行排列的、其上交错地装有筛盘的辊轴组成，滚轴通过齿轮传动而旋转，其转动方向与物料流动方向相同，使物料流沿筛面向前运动，同时搅动物料使小于筛孔尺寸的粉状和颗粒从筛孔中落下直接落入输送带运走，大于筛孔尺寸的颗粒物料留在筛面上继续向前移动，落入破碎机里进行破碎处理。为了使筛上的物料层松动以便于透筛，筛盘形状有偏心的和异形的。为防止物料卡住筛轴，装有安全保险装置。

（一）滚轴筛监造要点

1. 原材料检验

依据图纸、技术协议审查各部件原材料，包括化学成分分析、机械性能试验等资料，对进口部件检查报关单及商检报告、原产地证明等资料。需要注意的是，输煤设备的磨损非常严重，应重点关注材料的耐磨性，如某项目滚轴筛，落煤管采用一层12mm的16Mn进行制作，与合同要求的"轴筛筛上物落煤管用钢板材质为Q235，厚度不低于10mm，内壁衬板材质为16Mn，厚度不低于12mm"不一致。

2. 各部件结构、尺寸检验

结构尺寸符合图纸或技术协议要求，如某项目滚轴筛设备整机高度为2420mm，供货商提供的设计配合和最终版图纸高度均为2315mm，设备高度错误；注意检查除锈等级和油漆厚度。

3. 焊接检验

对焊缝进行检验，重点检查夹渣、气孔和表面裂纹等缺陷，检查焊工资质证书与所焊接的构件类别相适应。

4. 整机试车

检查整机试运转的转速、轴承温升、振动、电动机电流和电压、噪声等。

5. 油漆、外观检验

油漆、喷涂、标识检验。

（二）滚轴筛质量见证项目

滚轴筛质量见证项目见表2-12。

表 2-12   滚轴筛质量见证项目表

序号	部件名称	检验/试验项目	检验标准	检验比例	见证方式 买方	见证方式 业主	备注
1	材料检验						
1.1	壳体用的钢板	化学成分、机械性能	图纸、技术协议	100%	R	R	
1.2	筛轴	化学成分、机械性能	图纸、技术协议	100%	R	R	
1.3	筛片	化学成分、机械性能	图纸、技术协议	100%	R	R	
1.4	衬板	化学成分、机械性能	图纸、技术协议	100%	R	R	
1.5	轴承	证书的符合性检查	图纸、技术协议	100%	R	R	
1.6	轴架	尺寸检验	图纸、技术协议	100%	R	R	
1.7	带摇臂的电动执行器	功能试验	图纸、技术协议	100%	R	R	
1.8	带有变速箱的电动机	常规试验	图纸、技术协议	100%	W	R	
		空载噪声	图纸、技术协议	100%	W	R	
		空载振动	图纸、技术协议	100%	W	R	
		防水	图纸、技术协议	抽检	W	R	
		尺寸	图纸、技术协议	100%	W	R	
		变速箱	图纸、技术协议	100%	W	R	
2	过程检验						
2.1	壳体的焊接	对焊	图纸、技术协议	抽查	R	R	
		角焊	图纸、技术协议	100%	R	R	
		视觉和尺寸检查	图纸、技术协议	100%	R	R	
2.2	主轴	主轴的热处理	图纸、技术协议	100%	R	R	
		主轴的硬度	图纸、技术协议	100%	R	R	
		尺寸	图纸、技术协议	100%	R	R	
2.3	筛片	尺寸	图纸、技术协议	抽查	R	R	
		筛片的热处理	图纸、技术协议	抽查	W	R	
		主轴的硬度	图纸、技术协议	抽查	W	R	
2.4	轴承	外观、尺寸	图纸、技术协议	100%	R	R	
2.5	滚轴筛的组装	尺寸、外观检查	图纸、技术协议	100%	R	R	
		空载试转（温升、噪声、振动）	图纸、技术协议	100%	W	R	
3	油漆	品牌、漆膜厚度、颜色	技术协议	100%	W	R	
4	发运前检查	包装形式、唛头、箱单、资料、技术协议符合度	合同、技术协议	100%	H	R	

十二、环锤式碎煤机

环锤式碎煤机主要利用高速旋转的环锤对物料进行冲击破碎。物料从入料口进入破碎腔后，受到高速旋转的环锤冲击作用被粗碎，初碎的物料获得动能高速冲向破碎板再次被撞碎。与此同时，物料与物料之间相互撞击而进一步破碎，小块物料在破碎板下部和筛板上再次受到旋转锤环的挤压、剪切、滚碾、研磨而达到合格粒度，最后从筛板孔排出。

环锤式碎煤机主要由前部体、调整机构、筛板支架、中部体、转子部件、下部体、后部体及液压系统等部件构成。

（一）环锤式破碎机监造要点

1. 原材料检验

依据图纸、技术协议审查各部件原材料，包括化学成分分析、机械性能试验等资料，对进口部件检查报关单及商检报告、原产地证明等资料。

2. 各部件尺寸、外观检验

检验各部件的尺寸、壁厚情况，结构尺寸符合图纸或技术协议要求。

3. 环锤硬度检验

环锤硬度应满足技术协议要求，硬度不足容易影响整机运行效果，且影响到环锤使用寿命。

4. 焊接检验

重点检查夹渣、气孔和表面裂纹等缺陷，检查焊工资质证书与所焊接的构件类别相适应。

5. 整机运转试验

检查整机试运转的转速、轴承温升、振动、电动机电流和电压、噪声等。

6. 油漆、外观检验

油漆、喷涂、标识检验。

（二）环锤式碎煤机质量见证项目

环锤式碎煤机质量见证项目见表 2-13。

表 2-13 　　　　　　　　　环锤式碎煤机质量见证项目表

序号	部件名称	检验/试验项目	检验标准	检验比例	见证方式 买方	见证方式 业主	备注
1	材料检验						
1.1	壳体用的钢板	化学成分机械性能	GB 700	100%	R	R	
		内部缺陷	GB/T 2970	100%	R	R	
1.2	锻轴	化学成分机械性能	GB 3077	100%	R	R	
		轴的探伤	GB/T 6402	100%	R	R	
1.3	环锤	化学成分机械性能	GB/T 5680	100%	R	R	
1.4	衬板	化学成分机械性能	GB 1591	100%	R	R	
1.5	圆盘和摇臂	化学成分机械性能	JB/ZQ 4297	100%	W	R	
1.6	轴承座、轴承盖	化学成分机械性能	GB 11352	100%	W	R	

续表

序号	部件名称	检验 / 试验项目	检验标准	检验比例	见证方式 买方	见证方式 业主	备注
1.7	轴承	证书的符合性检查	GB/T 288	100%	R	R	
2			过程检验				
2.1	壳体的焊接	对焊	SDZ–019	100%	W	R	
		角焊	SDZ–019	100%	W	R	
2.2	主轴	主轴的热处理	GB 3077	100%	W	R	
		主轴的硬度	GB 3077	抽检	W	R	
		尺寸	依据图纸	100%	H	R	
2.3	环锤	表面质量	GB/T 5680	100%	W	R	
		硬度	GB/T 5680	抽检	W	R	
		外观尺寸	依据图纸	100%	W	R	
2.4	圆盘和摇臂	表面质量	GB 11352	100%	R	R	
2.5	轴承组件	轴承座轴承盖外观尺寸	依据图纸	100%	R	R	
		轴承外观尺寸	依据图纸	100%	R	R	
		轴承的组装尺寸	依据图纸	100%	R	R	
		防尘、自由转动	依据图纸	100%	R	R	
2.6	碎煤机转子	锤的静平衡	依据图纸	100%	W	R	
		动平衡	GB 9239	100%	W	R	
2.7	液压开启装置	液压缸的泄漏试验	JB/T 10205	100%	R	R	
		行程检验	依据图纸	100%	R	R	
		尺寸外观	依据图纸	100%	R	R	
2.8	碎煤机的组装	尺寸外观检查	依据图纸	100%	R	R	
		空载试转（温升、噪声、振动）	试验大纲	100%	W	R	
		表面处理喷漆	图纸、技术协议	抽样	W	R	
2.9	震动阻尼装置（弹簧黏性阻尼）	尺寸	按照图纸	100%	W	R	
		弹簧刚度试验	GB/T 1239.5	抽样	W	R	
3	油漆	品牌、漆膜厚度、颜色	技术协议	100%	W	R	
4	发运前检查	包装形式、唛头、箱单、资料、技术协议符合度	合同、技术协议	100%	H	R	

十三、启动锅炉

启动锅炉是新建大型机组时，为解决机组启动所需蒸汽而建设的蒸发量一般在 35t/h 及以下的工业锅炉，它产生的蒸汽作为大锅炉启动蒸汽用，比如炉底加热、空气预热器启动阶段吹灰、油燃烧器雾化吹扫等。启动锅炉的主要部件有锅筒、下锅筒、水冷壁、省煤器、过热器和管式空气预热器等组成。

（一）启动锅炉监造要点

1. 原材料检验

按设计标准要求，正确选择电力锅炉原材料并保证实际使用和设计一致的合格材料是保证锅炉安全运行的关键工序及控制重点。

2. 焊接检验及无损探伤

首先对焊工资格进行审查，其次抓好过程质量控制，注重焊缝表面缺陷处理。根据要求对焊缝进行无损探伤，其中射线和超声是无损探伤的主要手段，主要目的是查清焊缝内部的状况。

3. 热处理检验

在锅炉各部件的制造过程中有很多产品需要焊前预热、焊后热处理。其关键问题是温度和时间的控制。应严格按热处理工艺规范进行操作，若预热温度不够，进行焊接极易产生裂纹，若焊后热处理时间不准，焊接残余应力不能充分消除会对锅炉运行造成极大的危险隐患。

4. 水压试验

锅炉产品制成后如锅筒、集箱、受热面管子、省煤器、水冷壁等受压部件，必须进行耐压试验，来检测是否泄漏，耐压试验中严格要求水质、水温、水压，用两块相同的压力表且在规定的有效期内严格控制试验压力。

5. 油漆、外观检验

油漆、喷涂、标识检验。

（二）启动锅炉质量见证项目

启动锅炉质量见证项目见表2-14。

表2-14　　　　　　　　　　启动锅炉质量见证项目表

序号	部件名称	检验/试验项目	检验标准	检验比例	见证方式		备注
					买方	业主	
1	锅筒和锅内装置（内件安装）	原材料质量证明书	图纸	100%	R	R	
		原材料入厂复验报告	图纸	100%	R	R	
		材料代用及审批手续	图纸	100%	R	R	
		焊接和尺寸检查记录（包括焊工资格、焊材）	图纸、工艺文件	100%	R	R	
		纵环焊缝、接管角焊缝无损检测	图纸、工艺文件	20%	W	W	
		焊缝返修报告	图纸、工艺文件	100%	R	R	
		热处理记录	图纸、工艺文件	100%	R	R	
		水压试验	图纸、工艺文件	100%	H	H	
2	水冷壁	原材料质量证明书	图纸	100%	R	R	
		原材料入厂复验报告	图纸	100%	R	R	

续表

序号	部件名称	检验/试验项目	检验标准	检验比例	见证方式 买方	见证方式 业主	备注
2	水冷壁	材料代用及审批手续	图纸	100%	R	R	
		焊接和尺寸检查记录（包括焊工资格、焊材等）	图纸、工艺文件	100%	R	R	
		集箱环缝、管座角焊缝无损检测	图纸、工艺文件	10%	W	W	
		受热面管子对接焊缝无损检测报告	图纸、工艺文件	10%	W	W	
		水压试验	图纸、工艺文件	不少于3屏	W	W	
3	过热器	原材料质量证明书	图纸	100%	R	R	
		原材料入厂复验报告	图纸	100%	R	R	
		材料代用及审批手续	图纸	100%	R	R	
		焊接和尺寸检查记录（包括焊工资格、焊材）	图纸、工艺文件	100%	R	R	
		集箱环缝、管座角焊缝无损检测报告	图纸、工艺文件	10%	W	W	
		集箱热处理记录	图纸、工艺文件	100%	R	R	
		受热面管子对接焊缝无损检测报告	图纸、工艺文件	10%	W	W	
		水压试验抽查	图纸、工艺文件	不少于3屏	W	W	
4	省煤器	原材料入厂复验报告	图纸	100%	R	R	
		原材料质量证明书	图纸	100%	R	R	
		焊接和尺寸检查记录（包括焊工资格、焊材）	图纸、工艺文件	100%	R	R	
		集箱环缝、管座角焊缝无损检测报告	图纸、工艺文件	100%	R	R	
		受热面管子对接焊缝无损检测报告	图纸、工艺文件	100%	R	R	
		水压试验抽查	图纸、工艺文件	不少于3屏	W	W	
5	各受热面钢架	焊接和尺寸检查记录（包括外观、表面质量等）	图纸、工艺文件	100%	R	R	
6	油漆	品牌、漆膜厚度、颜色	技术协议	100%	W	R	
7	发运前检查	包装形式、唛头、箱单、资料、技术协议符合度	合同、技术协议	100%	H	R	

十四、带式输送机

带式输送机由于输送量大、结构简单、维护方便、成本低、通用性强等优点而广泛地应用在电力、煤炭、交通等部门中，用来输送散状物料或成件物品。根据输送工艺的要求可以单机输送，也可以多台或与其他输送机组成水平或倾斜的输送系统。带式输送机由驱动电动滚筒、改向滚筒、包角滚筒、重锤拉紧装置、胶带、承载托辊、回程托辊、自动调偏托辊、双向拉绳开关、弹簧清扫器、机架、导料槽、头罩、调整挡板等组成。

（一）带式输送机监造要点

1. 原材料检验

依据图纸、技术协议审查各部件原材料，包括化学成分分析、机械性能试验等资料，对进口部件检查报关单及商检报告、原产地证明等资料。

2. 各部件尺寸、外观检验

依据图纸对各部件进行外观、尺寸、壁厚等检验，确保各部件尺寸在公差允许范围之内。

3. 托辊及滚筒的检验

审查托辊、滚筒的热处理报告，查验热处理曲线等，检查托辊、滚筒的动静平衡和径向跳动试验。

4. 减速箱检验

减速箱试车试验，检验渗透、噪声、温升等。

5. 皮带检验

检查输煤皮带的抗拉强度、延伸性、阻燃性、烧失性，检查皮带原材料的合格证和出厂检验报告。

6. 油漆、外观检验

油漆、喷涂、标识检验。

（二）带式输送机质量见证项目

带式输送机质量见证项目见表2-15。

表2-15　　　　　　　　　　带式输送机质量见证项目表

序号	部件名称	检验/试验项目	检验标准	检验比例	见证方式		备注
					买方	业主	
1	托辊	理化性能检验	技术协议、图纸	100%	R	R	
		灵活转动	技术协议、图纸	100%	R	R	
		旋转阻力	技术协议、图纸	20%	R	R	
		圆跳动	技术协议、图纸	20%	W	R	
		外观/尺寸检验	技术协议、图纸	20%	W	R	
2	皮带	原材料理化性能检验	技术协议、图纸	100%	R	R	
		抗纵向拉伸强度	技术协议、图纸	100%	W	R	
		附着力试验	技术协议、图纸	100%	W	R	
		耐磨试验	技术协议、图纸	100%	W	R	

续表

序号	部件名称	检验 / 试验项目	检验标准	检验比例	见证方式 买方	见证方式 业主	备注
2	皮带	黏合强度	技术协议、图纸	100%	W	R	
		阻燃抗静电性	图纸，过程记录	100%	W	R	
		外观 / 尺寸检验	图纸，过程记录	100%	R	R	
3			滚筒				
3.1	原材料	理化检验	技术协议、图纸	100%	R	R	
3.2	过程检验	轴机加工后进行试验	技术协议、图纸	100%	R	R	
		筒体对接焊缝超声检验	技术协议、图纸	100%	R	R	
		筒体和接盘以及接盘和轴角焊缝探伤检验	技术协议、图纸	100%	R	R	
		尺寸检验	技术协议、图纸	抽检	R	R	
		滚筒静平衡试验	技术协议、图纸	抽检	R	R	
3.3	橡胶胶面	尺寸	技术协议、图纸	100%	R	R	
		阻燃试验	技术协议、图纸	抽检	W	R	
		附着力试验	技术协议、图纸	抽检	W	R	
		橡胶硬度	技术协议、图纸	抽检	W	R	
4	油漆	品牌、漆膜厚度、颜色	技术协议	100%	W	R	
5	发运前检查	包装形式、唛头、箱单、资料、技术协议符合度	合同、技术协议	100%	H	R	

十五、翻车机

翻车机指一种用来翻卸铁路敞车散料的大型机械设备，是一种可将有轨车辆翻转或倾斜使之卸料的装卸机械。翻车机可以每次翻卸 2~4 节车皮，其原理是将敞车翻转到170°~180° 将散料卸到地下的地面皮带上，由地面皮带机将翻车机卸下的散料运送到需要的地方。

翻车机按卸载方式可分为前倾式翻车架和圆形翻车机（侧翻式）；按用途分为摘钩式和不摘钩式翻车机；按同时翻卸的矿车数目分为单车翻车机和双（多）车翻车机；按卸车时滚筒的旋转方向分为左侧式和右侧式翻车机。各种翻车机都由金属构架、驱动装置和夹车机构组成，用交流电动机驱动。

（一）翻车机监造要点

1. 原材料检验

依据图纸、技术协议审查各部件原材料，包括化学成分分析、机械性能试验等资料，对进口部件检查报关单及商检报告、原产地证明等资料。

2.各部件尺寸、外观检验

依据图纸对各部件进行外观、尺寸、壁厚等检验，确保各部件尺寸在公差允许范围之内。

3.轴承座、液压缸等部件检验

主要检验包括轴承座组装尺寸、外观检验，防尘、自由转动检验；液压缸泄漏试验，行程检验，尺寸外观检验，压力及性能试验；液压耦合器振动试验、泄露试验；车机组装外观、尺寸检验。

4.整机试车

翻车机空载试车，检验噪声、振动、温升等。

5.油漆、外观检验

油漆、喷涂、标识检验。

（二）翻车机质量见证项目

翻车机质量见证项目见表2-16。

表2-16　　　　　　　　　　翻车机质量见证项目表

序号	部件名称	检验/试验项目	检验标准	检验比例	见证方式		备注
					买方	业主	
1	材料检验						
1.1	壳体用的钢板	化学成分、机械性能	合同标准、图纸	100%	R	R	
		内部缺陷	合同标准、图纸	100%	R	R	
1.2	型钢	化学成分、机械性能	合同标准、图纸	100%	R	R	
1.3	锻件	化学成分、机械性能	合同标准、图纸	100%	R	R	
		锻件的探伤	合同标准、图纸	30%	W	R	
1.4	齿轮	化学成分、机械性能	合同标准、图纸	100%	R	R	
		UT（超声波检测）	合同标准、图纸	100%	W	R	
1.5	轴承座、轴承盖	化学成分、机械性能	合同标准、图纸	100%	R	R	
1.6	轴承	证书的符合性检查	合同标准、图纸	100%	R	R	
2	过程检验						
2.1	壳体的焊接	对焊	合同标准、图纸	100%	R	R	
		角焊	合同标准、图纸	100%	R	R	
		无损探伤	合同标准、图纸	100%	W	R	
2.2	轴	轴的热处理	合同标准、图纸	100%	R	R	
		主轴的硬度	合同标准、图纸	抽检	R	R	
		尺寸	合同标准、图纸	100%	R	R	
2.3	齿轮	尺寸	合同标准、图纸	100%	R	R	
		轴的热处理	合同标准、图纸	100%	R	R	
		硬度检查	合同标准、图纸	100%	R	R	

序号	部件名称	检验/试验项目	检验标准	检验比例	见证方式 买方	见证方式 业主	备注
2.4	轴承座、轴承盖	外观、尺寸	合同标准、图纸	100%	R	R	
	轴承	外观、尺寸	合同标准、图纸	100%	R	R	
	轴承座的组装	尺寸组装	合同标准、图纸	100%	W	R	
		防尘、自由转动	合同标准、图纸	100%	W	R	
2.5	液压缸	液压缸泄漏试验	工厂标准	100%	W	R	
		液压缸行程检验	工厂标准	100%	W	R	
		液压站压力及性能试验	工厂标准	100%	W	R	
		尺寸、外观	合同标准、图纸	100%	R	R	
2.6	调速液压耦合器	尺寸	合同标准、图纸	100%	R	R	
		动平衡	工厂标准	100%	R	R	
		油泵流量	工厂标准	100%	W	R	
		泄漏	工厂标准	100%	W	R	
		振动试验	工厂标准	100%	W	R	
2.7	翻车机组装	尺寸、外观检查	合同标准、图纸	100%	W	R	
	组装后的翻车机空载试转	温升	工厂标准	100%	W	R	
		噪声	工厂标准	100%	W	R	
		振动级	工厂标准	100%	W	R	
3	油漆	品牌、漆膜厚度、颜色	技术协议	100%	W	R	
4	发运前检查	包装形式、唛头、箱单、资料、技术协议符合度	合同、技术协议	100%	H	R	

第二节 汽轮机专业设备

一、汽轮机

汽轮机也称蒸汽透平发动机，是能将蒸汽热能转化为机械能的外燃回转式机械，汽轮机由转动和静止两个部分组成，转动部分包括主轴、叶轮、动叶片和联轴器等，静止部分包括进汽部分、汽缸、隔板和静叶栅、汽封及轴承箱等。高温高压蒸汽穿过固定喷嘴成为加速的气流后喷射到叶片上，使装有叶片排的转子旋转，同时对外做功。汽轮机是现代火力发电厂的主要设备，也广泛应用于冶金工业、化学工业、舰船动力装置中。

（一）汽轮机监造要点

1. 主要部件原材料

汽轮机主要部件有轴、汽缸壳体、叶片（动叶片、静叶片）、喷嘴、隔板体、高温合金钢螺栓、主汽阀、调节汽阀、导汽管、主汽管、轴承座、汽封壳体等。

检查原材料符合技术协议和图纸要求；毛坯料或粗加工材料到厂后对原材料进行复验并查看复验报告。

2. 无损检测

根据图纸要求，检查相关部件的无损检测报告。汽缸等部件缺陷修补后检查无损检测报告。

3. 承压部件水压试验

承压部件主要包括：汽轮机高、中压汽缸，高、中压主汽阀的阀壳，汽轮机附属设备凝汽器水室，轴封加热器壳体。

按照技术协议要求的试验压力进行试验，如果技术协议中无特殊要求，则按照图纸或相关标准的压力要求进行试验。

4. 汽轮机转子高速动平衡及超速试验

转子超速试验的转速首先要满足主合同的要求，如果主合同无要求则按照技术协议或图纸中的转速进行试验。超速和动平衡试验后检查叶片围带甩出的情况，相关尺寸要符合图纸要求。

5. 部件主要几何尺寸及加工精度测量

重点检查联轴器端面及外圆跳动量、轴径跳动量、汽缸中分面间隙、隔板中分面间隙、地脚螺栓长度、主汽阀和调节汽阀的阀杆行程与阀线密封情况。

6. 总装过程见证

在供货商工厂进行总装的机型，总装时检查静子部件同心度、通流部分动静配合间隙、轴瓦间隙和轴瓦紧力、滑销系统部件配合间隙、转子扬度、轴承进油管路内部清洁度、整机各部件外观质量。

7. 油系统设备检查

汽轮机油系统通常包含油箱（主油箱、储油箱）、油管路（润滑油管路、调节保安油管路）、油阀门（截止阀、闸阀、隔膜阀、伺服阀）、油动机、蓄能器、油泵（主油泵、交流润滑油泵、直流润滑油泵、顶轴油泵）、涡轮油泵、射油器、排烟风机、冷油器、DEH油站等。

油系统设备原材料应符合技术协议或图纸的要求。主要检查项包括：设备表面处理、管路内部酸洗质量；油系统设备焊缝质量；冷油器水压试验及内部清洁度、干燥度；设备内清洁度；油箱灌水试验；油系统设备发运前封口情况；油站性能试验；油动机动作试验。

8. 发运前检查

检查包装材料、包装形式符合合同要求，检查备品备件、外购件、（技术、质量）资料、唛头、箱单等符合技术协议要求。

（二）汽轮机质量见证项目

汽轮机质量见证项目见表2-17。

表 2-17　　　　　　　　　　　　汽轮机质量见证项目表

序号	部件名称	检验/试验项目	检验标准	检验比例	买方	业主	备注
1	汽缸及喷嘴室	铸件材质理化性能	技术协议与图纸	100%	R	R	
		铸件无损检测，缺陷处理、补焊部位热处理	技术协议与图纸	100%	R	R	
		喷嘴室清洁度	技术协议与图纸	100%	W	R	
		汽缸各安装槽（或凸肩）结构尺寸和轴向定位尺寸测量	技术协议与图纸	抽检	R	R	
		汽缸水压试验	技术协议与图纸	100%	W	W	
		低压缸焊缝外观质量	技术协议与图纸	抽检	W		
2	隔板套	铸件材质理化性能	技术协议与图纸	100%	R	R	
		铸件无损检测，缺陷处理、补焊部位热处理	技术协议与图纸	100%	R	R	
		隔板套各安装槽（或凸肩）结构尺寸和轴向定位尺寸测量	技术协议与图纸	抽检	R	R	
3	隔板	隔板内外环（或隔板体）材质理化性能	技术协议与图纸	100%	R	R	
		焊缝无损检测	技术协议与图纸	100%	R	R	
		中分面间隙测量	技术协议与图纸	抽检	W	R	
		汽道高度及喉部宽度测量	技术协议与图纸	抽检1级隔板	W	R	
		出口面积测量	技术协议与图纸	抽检1级隔板	W	R	
4	转子	锻件材质理化性能	技术协议与图纸	100%	R	R	
		锻件残余应力测试	技术协议与图纸	100%	R	R	
		锻件脆性转变温度测试	技术协议与图纸	100%	R	R	
		锻件热稳定性测试	技术协议与图纸	100%	R	R	
		锻件无损检测	技术协议与图纸	100%	R	R	
		精加工后端面及径向跳动（主要包括轴颈、联轴器、推力盘、各级轮缘等）	技术协议与图纸	抽检	W	R	
		各级叶根槽结构尺寸及其轴向定位尺寸	技术协议与图纸	100%	R	R	
		精加工后无损检测	技术协议与图纸	100%	R	R	

续表

序号	部件名称	检验/试验项目	检验标准	检验比例	见证方式 买方	见证方式 业主	备注
5	转子装配	低压转子动叶装配称重量	技术协议与图纸	100%	R	R	
		动叶装配外观质量	技术协议与图纸	100%	W	R	
		转子高速动平衡和超速试验	技术协议与图纸	100%	H	H	
		末级、次末级动叶片动频测量	技术协议与图纸	100%	R	R	
6	动叶片	材料理化性能	技术协议与图纸	100%	R	R	
		成品动叶片无损检测	技术协议与图纸	100%	R	R	
		硬质合金片焊接质量无损检测	技术协议与图纸	100%	R	R	
		调频动叶片静频测量	技术协议与图纸	100%	R	R	
		出汽边硬度	技术协议与图纸	10%	W	R	
7	静叶片	材料理化性能	技术协议与图纸	100%	R	R	
8	汽缸高温合金钢螺栓和联轴器螺栓	材料理化性能	技术协议与图纸	100%	R	R	
		螺栓硬度	技术协议与图纸	抽检5%	W	R	
		金相检测	技术协议与图纸	100%	R	R	
9	轴承及轴承箱	轴承合金铸造质量无损检测（含铸造层、结合层）	技术协议与图纸	100%	R	R	
		推力轴承推力瓦块厚度、均匀度	技术协议与图纸	抽检4块	W	R	
		轴瓦体与瓦套接触面积	技术协议与图纸	100%	W	R	
		轴承箱渗漏试验	技术协议与图纸	100%	W	R	
		轴承箱与台板接触面积与间隙	技术协议与图纸	100%	W	R	
		轴承箱清洁度	技术协议与图纸	100%	W	R	
10	主汽阀、调节阀	阀壳铸件材质理化性能	技术协议与图纸	100%	R	R	
		阀壳铸件无损检测及补焊部位热处理	技术协议与图纸	100%	R	R	
		阀杆材质理化性能	技术协议与图纸	100%	R	R	
		阀杆无损检测	技术协议与图纸	100%	R	R	
		阀壳水压试验	技术协议与图纸	100%	W	R	
		阀门严密性（阀线宽度与连续性）	技术协议与图纸	100%	W	R	
		阀杆行程测量	技术协议与图纸	100%	R	R	

续表

序号	部件名称	检验/试验项目	检验标准	检验比例	见证方式		备注
					买方	业主	
11	危急遮断器	危急遮断器动作试验	技术协议与图纸	100%	W	R	
12	总装（按供货商实际情况执行）	汽缸负荷分配或汽缸水平测量	技术协议与图纸	100%	W	R	
		全实缸状态下，汽缸中分面间隙测量	技术协议与图纸	100%	W	R	
		静子部套同心度测量	技术协议与图纸	100%	W	R	
		滑销系统导向键间隙测量	技术协议与图纸	100%	W	R	
		通流部分动静间隙测量	技术协议与图纸	抽检10处数据	W	R	
		转子窜轴量测量	技术协议与图纸	100%	W	R	
		轴承瓦套垫块与轴承座接触面积	技术协议与图纸	100%	W	R	
		转子轴颈与轴瓦接触面积	技术协议与图纸	100%	W	R	
		轴瓦间隙测量	技术协议与图纸	100%	W	R	
13	油系统设备	油系统设备、管路原材料证明	技术协议与图纸	100%	R	R	
		油箱渗漏试验	技术协议与图纸	100%	W	R	
		油箱清洁度	技术协议与图纸	100%	W	R	
		油箱油漆质量	技术协议与图纸	100%	W	R	
		套装油管路承压油管酸洗质量	技术协议与图纸	100%	W	R	
		套装油管路内部清洁度	技术协议与图纸	100%	W	R	
		套装油管路封口情况	技术协议与图纸	100%	W	R	
		冷油器水压试验	技术协议与图纸	100%	W	R	
		冷油器清洁度	技术协议与图纸	100%	W	R	
		油泵性能测试（振动、噪声、功率、轴承温度）	技术协议与图纸	100%	W	R	
14	DEH系统设备	油动机动作试验	技术协议与图纸	100%	W	R	
		油管路	原材料证明	100%	R	R	
		油站性能试验	试验大纲	100%	W	R	
15	主汽、再热导汽管	尺寸、坡口形式和内壁清洁度	技术协议与图纸	100%	W	R	
		原材料证明	技术协议与图纸	100%	R	R	

续表

序号	部件名称	检验/试验项目	检验标准	检验比例	见证方式 买方	见证方式 业主	备注
16	（汽封、疏水）等压力管道、管件	原材料证明	技术协议与图纸	100%	R	R	
17	配套阀门	水压试验报告、合格证	技术协议与图纸	100%	R	R	
18	凝汽器						
18.1	水室	外观检查	技术协议与图纸	100%	R	R	
		焊接质量	技术协议与图纸	100%	R	R	
		水压试验	技术协议与图纸	100%	W	R	
18.2	端管板、中间隔板	外观检查	技术协议与图纸	抽检	W	R	
		复合板的无损检测	技术协议与图纸	100%	R	R	
		管孔机加工粗糙度、尺寸精度	技术协议与图纸	抽检<1%	R	R	
		端管板与中间隔板同心度检查	技术协议与图纸	抽检<1%	R	R	
18.3	传热管	材料理化性能	技术协议与图纸	100%	R	R	
		无损检测	技术协议与图纸	100%	R	R	
18.4	伸缩节	焊缝质量	技术协议与图纸	100%	R	R	若有
18.5	支撑弹簧	压力试验	试验规范	100%	W	R	弹簧结构
18.6	整体模块	模块外形长宽高尺寸、长宽对角线	技术协议与图纸	100%	W	R	模块结构
19	油漆	品牌、漆膜厚度、颜色	技术协议	100%	W	R	
20	发运前检查	包装形式、唛头、箱单、资料、技术协议符合度	合同、技术协议	100%	H	R	

二、锅炉给水泵

发电厂锅炉给水泵的主要作用是将除氧器水箱内具有一定温度的给水输送到锅炉，调节并稳定给水的压力和流量。给水泵根据驱动型式的不同，分为汽动给水泵和电动给水泵。给水泵设备主要由机架、泵筒体、转子、导流体、轴承、平衡装置（平衡盘、平衡鼓）、冷却装置等组成。锅炉给水泵在发电厂中通常以给水泵装置的型式应用，汽动给水泵装置由前置泵、给水泵汽轮机、给水泵油站、给水泵组成；电动给水泵装置由前置泵、电动机、液力耦合器（或变速箱、变频柜）、给水泵、冷油器、油站组成。

（一）锅炉给水泵监造要点

1. 原材料

依据图纸、技术协议审查各部件原材料，包括化学成分分析、机械性能测试等资料，对进口部件检查报关单及商检报告、原产地证明等资料。

2. 零部件无损检测

轴、叶轮、外筒体、泵壳体及接管无损检测，查验相关的热处理和无损检测报告。

3. 零部件检查

叶轮直径；叶轮密封环间隙；平衡盘、平衡鼓间隙；泵轴瓦与推力间隙；机械密封品牌与产地。

4. 性能试验

（1）转子动平衡试验。

（2）泵筒体、壳体的水压试验。

（3）泵性能试验，检查振动、噪声、轴承温升、压力、流量、性能曲线。

（4）性能试验后检查轴瓦、转子部件与静止部件的摩擦情况。

5. 外观检查

检查油漆品牌、漆膜厚度、油漆颜色符合技术协议的规定；检查油水管路内部清洁度。

6. 发运前检查

检查包装材料、包装形式、备品备件、外购件、（技术、质量）资料、唛头、箱单等符合技术协议要求。给水泵出口止回阀、给水再循环（最小流量、调节、止回）阀等设备，若在印度项目上使用，需要满足 IBR（India Boiler Regulation，印度锅炉规程）认证要求。

（二）锅炉给水泵质量见证项目

锅炉给水泵质量见证项目见表 2-18。

表 2-18　　　　　　　　　　锅炉给水泵质量见证项目表

序号	部件名称	检验/试验项目	检验标准	检验比例	见证方式 买方	见证方式 业主	备注
1	泵壳体、外筒体	化学成分分析	技术协议与图纸	100%	R	R	
		机械性能测试	技术协议与图纸	100%	R	R	
		水压试验	技术协议与图纸	100%	W	R	
		无损检测	技术协议与图纸	100%	R	R	
		热处理	技术协议与图纸	100%	R	R	
2	叶轮、轴	化学成分分析	技术协议与图纸	100%	R	R	
		机械性能测试	技术协议与图纸	100%	R	R	
		热处理	技术协议与图纸	100%	R	R	
		MT（磁粉检测）	技术协议与图纸	100%	W	R	
3	总装配	转子动平衡试验	技术协议与图纸	100%	W	R	
		（机械密封、轴承）安装前检查合格证、外观质量	技术协议与图纸	100%	W	R	

序号	部件名称	检验/试验项目	检验标准	检验比例	见证方式 买方	见证方式 业主	备注
3	总装配	轴瓦推力间隙	技术协议与图纸	100%	W	R	
		平衡盘或平衡鼓间隙	技术协议与图纸	100%	W	R	
		密封环与叶轮间隙	技术协议与图纸	50%	W	R	
		油管道、密封水管道内部清洁度	技术协议与图纸	100%	W	R	
		泵出口止回阀水压与密封试验	技术协议与图纸	100%	W	R	
		中间抽头/出口高压阀门水压与密封试验	技术协议与图纸	100%	W	R	
4	泵的性能试验	泵的噪声、振动、效率	技术协议与图纸	100%	W	R	
		性能试验后轴瓦磨损情况	技术协议与图纸	100%	W	R	
5	油漆	品牌、漆膜厚度、颜色	技术协议	100%	W	R	
6	发运前检查	包装形式、唛头、箱单、资料、技术协议符合度	合同、技术协议	100%	H	R	

三、凝结水泵

凝结水泵用于发电厂热力系统中输送凝汽器内的凝结水，主要由泵筒体、工作部、出水部分和推力装置部分组成。

（一）凝结水泵监造要点

1. 原材料

依据图纸、技术协议审查各部件原材料，包括化学成分分析、机械性能测试等资料，对进口部件检查报关单及商检报告、原产地证明等资料。

2. 零部件热处理和无损检测

轴、叶轮、外筒体、泵壳体及接管无损检测，查验相关的热处理和无损检测报告等。

3. 零部件尺寸

叶轮直径；叶轮密封环间隙；转子总窜动量；台板与筒体螺栓孔匹配。

4. 性能试验

（1）转子动平衡试验。

（2）泵筒体、壳体、出水弯、冷油器（如果有）的水压试验。

（3）泵性能试验，检查振动、噪声、轴承温升、压力、流量、性能曲线。

（4）性能试验后检查轴瓦、转子部件与静止部件的摩擦情况。

5. 外观检查

检查油漆品牌、漆膜厚度、油漆颜色符合技术协议的规定。

6. 发运前检查

检查包装材料、包装形式、备品备件、外购件、（技术、质量）资料、唛头、箱单等符合技术协议要求。

（二）凝结水泵质量见证项目

凝结水泵质量见证项目见表 2-19。

表 2-19　　　　　　　　　　凝结水泵质量见证项目表

序号	部件名称	检验/试验项目	检验标准	检验比例	见证方式 买方	见证方式 业主	备注
1	外筒体	化学成分分析	技术协议与图纸	100%	R	R	
		机械性能测试	技术协议与图纸	100%	R	R	
		水压试验	技术协议与图纸	100%	W	R	
		焊缝无损检测	技术协议与图纸	100%	R	R	
2	泵壳	化学成分分析	技术协议与图纸	100%	R	R	
		机械性能测试	技术协议与图纸	100%	R	R	
		水压试验	技术协议与图纸	100%	R	R	
3	泵基座（含台板）	外观及尺寸	技术协议与图纸	100%	W	R	
4	冷却器	水压试验	技术协议与图纸	100%	W	R	
5	轴	化学成分分析	技术协议与图纸	100%	R	R	
		机械性能测试	技术协议与图纸	100%	R	R	
		热处理记录	技术协议与图纸	100%	R	R	
		MT（磁粉检测）	技术协议与图纸	100%	R	R	
6	叶轮	化学成分分析	技术协议与图纸	100%	R	R	
		机械性能测试	技术协议与图纸	100%	R	R	
		PT（渗透检测）	技术协议与图纸	100%	W	R	
		动平衡试验	技术协议与图纸	100%	W	R	
7	电动机	电动机性能试验	技术协议与图纸	100%	W	R	
8	泵组装	轴串动量	技术协议与图纸	100%	W	R	
		机械密封品牌、产地与技术协议符合度	技术协议与图纸	100%	W	R	
9	泵的性能试验	泵的噪声、振动、效率	技术协议与图纸	100%	W	W	
		拆洗检查叶轮与密封环摩擦情况	技术协议与图纸	100%	W	R	
10	泵外观	油漆品牌、漆膜厚度、颜色	技术协议	100%	W	R	
		铭牌符合度	技术协议	100%	W	R	
11	发运前检查	包装形式、唛头、箱单、资料、技术协议符合度	合同、技术协议	100%	H	R	

四、开、闭式水泵

发电厂的开、闭式循环冷却水泵，主要用于给各个厂用辅助设备提供轴承或者其他冷却水。开式水泵将水从汽轮机循环水入水口抽出一部分，送到需要冷却的设备，使用后的水通过管道流回汽轮机循环水出水口或者外排。闭式水泵使用的是凝结水或除盐水，由闭式膨胀水箱向各轴承提供冷却水。闭式水的冷却通过开闭式水热交换器进行。

（一）开、闭式水泵监造要点

1. 原材料

依据图纸、技术协议审查各部件原材料，包括化学成分分析、机械性能测试等资料，对进口部件检查报关单及商检报告、原产地证明等资料。

2. 零部件热处理和无损检测

轴、叶轮、泵壳体无损检测，查验相关的热处理和无损检测报告等。

3. 零部件

检查叶轮直径、叶轮密封环间隙；转子窜动量；泵进出口法兰直径、厚度尺寸；轴承品牌型号、机械密封品牌。

4. 性能试验

（1）转子动平衡试验。

（2）泵壳体的水压试验。

（3）泵性能试验，检查振动、噪声、轴承温升、压力、流量、效率及性能曲线。

5. 外观检查

检查油漆品牌、漆膜厚度、油漆颜色符合技术协议的规定。

6. 发运前检查

检查包装材料、包装形式符合合同要求，检查备品备件、外购件、（技术、质量）资料、唛头、箱单等符合技术协议要求。

（二）开、闭式水泵质量见证项目

开、闭式水泵质量见证项目见表 2-20。

表 2-20　　　　　　　　　　开、闭式水泵质量见证项目表

序号	部件名称	检验/试验项目	检验标准	检验比例	见证方式 买方	业主	备注
1	泵壳体	化学成分分析	技术协议与图纸	100%	R	R	
		机械性能测试	技术协议与图纸	100%	R	R	
		水压试验	技术协议与图纸	100%	W	R	
		无损检测	技术协议与图纸	100%	W	R	
2	轴	化学成分分析	技术协议与图纸	100%	R	R	
		机械性能测试	技术协议与图纸	100%	R	R	
		热处理	技术协议与图纸	100%	R	R	
		无损检测	技术协议与图纸	100%	R	R	

序号	部件名称	检验 / 试验项目	检验标准	检验比例	见证方式 买方	见证方式 业主	备注
3	叶轮	化学成分分析	技术协议与图纸	100%	R	R	
		机械性能测试	技术协议与图纸	100%	R	R	
		PT（渗透检测）	技术协议与图纸	100%	W	R	
4	泵组装	转子动平衡试验	技术协议与图纸	100%	W	R	
		（机械密封、轴承）安装前检查合格证、外观质量	技术协议与图纸	100%	W	R	
		泵进出口法兰厚度	技术协议与图纸	100%	W	R	
		密封环与叶轮间隙	技术协议与图纸	100%	W	R	
5	泵的性能试验	泵的噪声、振动、效率	技术协议与图纸	100%	W	W	
6	泵外观	油漆品牌、漆膜厚度、颜色	技术协议	100%	W	R	
		铭牌符合度	技术协议与图纸	100%	W	R	
7	发运前检查	包装形式、唛头、箱单、资料、技术协议符合度	合同、技术协议	100%	H	R	

五、真空泵

真空泵是利用机械、物理、化学的方法对被抽容器进行抽气而获得真空的设备。目前电站中使用较多的是水环式真空泵。

（一）真空泵监造要点

1. 原材料

依据图纸、技术协议审查各部件原材料，包括化学成分分析、机械性能测试等资料，对进口部件检查报关单及商检报告、原产地证明等资料。

2. 零部件无损检测

轴、叶轮、泵壳体无损检测，查验相关的热处理和无损检测报告等。

3. 零部件

检查真空轮间隙；联轴器跳动、瓢偏值；推力垫片厚度，水泵入口阀门材质；板式换热器水压试验。

4. 性能试验

（1）转子动平衡试验。

（2）泵壳体的水压试验。

（3）泵性能试验，检查振动、噪声、轴承温升、真空度、效率及性能曲线；检查轴承冷却管道无泄漏点。

5. 外观检查

检查油漆品牌、漆膜厚度、油漆颜色符合技术协议的规定。

6. 发运前检查

检查包装材料、包装形式符合合同要求，检查备品备件、外购件、（技术、质量）资料、唛头、箱单等符合技术协议要求。

（二）真空泵质量见证项目

真空泵质量见证项目见表 2-21。

表 2-21 　　　　　　　　　真空泵质量见证项目表

序号	部件名称	检验/试验项目	检验标准	检验比例	见证方式 买方	见证方式 业主	备注
1	泵壳体	化学成分分析	技术协议与图纸	100%	R	R	
		机械性能测试	技术协议与图纸	100%	R	R	
		水压试验	技术协议与图纸	100%	W	R	
		无损检测	技术协议与图纸	100%	W	R	
2	轴	化学成分分析	技术协议与图纸	100%	R	R	
		机械性能测试	技术协议与图纸	100%	R	R	
		热处理	技术协议与图纸	100%	R	R	
		无损检测	技术协议与图纸	100%	R	R	
3	叶轮	化学成分分析	技术协议与图纸	100%	R	R	
		机械性能测试	技术协议与图纸	100%	R	R	
		MT（磁粉检测）	技术协议与图纸	100%	W	R	
4	泵组装	转子动平衡试验	技术协议与图纸	100%	W	R	
		泵与电动机联轴器对中	技术协议与图纸	100%	W	R	
		板式换热器水压试验	技术协议与图纸	100%	W	R	
5	泵的性能试验	泵的噪声、振动、效率	技术协议与图纸	100%	W	W	
6	泵外观	油漆品牌、漆膜厚度、颜色	技术协议	100%	W	R	
		铭牌符合度	技术协议	100%	W	R	
7	发运前检验	包装形式、唛头、箱单、资料、技术协议符合度	合同、技术协议	100%	H	R	

六、给水泵汽轮机

驱动给水泵的汽轮机称为给水泵汽轮机，通常称为小汽轮机，其本体结构组成部件与汽轮机基本相同。小汽轮机与主汽轮机的本质区别：主汽轮机是在定转速下运行，通过改变蒸汽量的大小来适应外界负荷的需要，除变压运行外，主汽轮机的运行参数基本不变；而小汽轮机是一种变参数、变转速、变功率的原动机。在正常工作时，利用主汽轮机中压缸或低压缸的抽汽作为工质。其排汽进入主机的凝汽器，发出的功率直接用于驱动给水泵，所以其工作情况除了与主机的热力系统密切相关外，还与被驱动的给水泵、凝汽设备的特性有关。

（一）给水泵汽轮机监造要点

1. 主要部件原材料

给水泵汽轮机主要部件：轴、汽缸壳体、叶片（动叶片、静叶片）、喷嘴、静叶持环、高温合金钢螺栓、主汽阀、调节汽阀、主汽管、轴承座、调节保安部套等。

检查原材料符合技术协议和图纸要求；毛坯料或粗加工材料到厂后对原材料进行复验并查看复验报告。

2. 无损检测

根据图纸要求，检查相关部件的无损检测报告。汽缸等部件缺陷修补后的无损检测报告检查。

3. 承压部件水压试验

承压部件主要包括汽缸、主汽阀阀壳、调节进汽室。

按照技术协议要求的试验压力进行试验，如果技术协议中无特殊要求，则按照图纸或相关标准的压力要求进行试验检查。

4. 转子高速动平衡及超速试验

超速试验的转速首先要满足主合同的要求，如果主合同无要求则按照技术协议或图纸中的转速进行试验。超速和动平衡试验后检查叶片围带甩出的情况，相关尺寸应符合图纸要求。

5. 部件主要几何尺寸及加工精度测量

精加工后转子轴径处、联轴器端面及外圆跳动量测量；转子长度测量；主汽阀、调节汽阀密封、行程检查。

6. 总装过程见证

台板间隙测量，滑销间隙测量，汽缸水平测量，转子扬度、通流间隙测量，危急遮断器与转轴保安子间隙测量，轴瓦间隙和轴瓦紧力测量，推力间隙检查。

7. 油系统设备检查

给水泵汽轮机油系统通常包含油站和油管路，油站由主油箱、油阀门、油动机、蓄能器、油泵（交流润滑油泵、直流润滑油泵）排烟风机、冷油器、连接管道、三通阀组成。

油系统设备原材料应符合技术协议或图纸的要求。设备表面处理、打磨、酸洗质量检查；油系统设备焊缝检查；冷油器水压试验及内部清洁度、干燥度检查；设备内清洁度检查；油箱灌水试验检查；油系统设备孔洞及封口质量检查；油站性能试验检查；油动机动作试验。

8. 出厂性能试验

检查振动、轴瓦温度、超速动作转速、主汽阀严密性等符合技术要求。试验后检查轴瓦与轴径和内部配合间隙摩擦情况。

9. 发运前检查

检查包装材料、包装形式符合合同要求，检查备品备件、外购件、（技术、质量）资料、唛头、箱单等符合技术协议要求。

（二）给水泵汽轮机质量见证项目

给水泵汽轮机质量见证项目见表 2-22。

表 2-22　　　　　　　　　　　　给水泵汽轮机质量见证项目表

序号	部件名称	检验/试验项目	检验标准	检验比例	见证方式 买方	见证方式 业主	备注
1	整锻转子	化学成分分析	图纸、技术协议	100%	R	R	
		机械性能测试	图纸、技术协议	100%	R	R	
		无损检测	图纸、技术协议	100%	R	R	
		叶片装配质量	图纸、技术协议	100%	R	R	
		高速动平衡及超速试验	图纸、技术协议	100%	W	W	
		转子挠度值、径向及端面跳动值	图纸、技术协议	100%	W	R	
2	汽缸	原材料化学成分分析	图纸、技术协议	100%	R	R	
		机械性能测试	图纸、技术协议	100%	R	R	
		无损检测	图纸、技术协议	100%	R	R	
		水压试验	图纸、技术协议	100%	W	R	
		汽缸水平中分面间隙、螺栓孔对中情况	图纸、技术协议	100%	W	R	
3	导叶持环	原材料机械性能测试	图纸、技术协议	100%	R	R	
		原材料化学成分分析	图纸、技术协议	100%	R	R	
		无损检测	图纸、技术协议	100%	R	R	
4	轴承座	渗漏试验	图纸、技术协议	100%	W	R	
		轴瓦合金铸造缺陷及脱胎情况	图纸、技术协议	100%	W	R	
5	调节部套	装配及试验	图纸、技术协议	100%	R	R	
6	主汽门、调节汽门	化学成分分析（壳体）	图纸、技术协议	100%	R	R	
		机械性能测试（壳体）	图纸、技术协议	100%	R	R	
		阀壳水压试验	图纸、技术协议	100%	W	W	
		密封阀线连续性与宽度	图纸	100%	W	W	
7	油系统	清洁度（管路、冷油器、油箱、滤网等）	图纸、技术协议	100%	W	R	
		油箱渗漏试验	图纸、技术协议	100%	W	R	
		冷油器水压试验	图纸、技术协议	100%	W	R	
		油站试验	图纸、技术协议	100%	W	R	

续表

序号	部件名称	检验/试验项目	检验标准	检验比例	见证方式 买方	见证方式 业主	备注
8	联轴器	机械性能测试	图纸、技术协议	100%	R	R	
		化学成分分析	图纸、技术协议	100%	R	R	
		外圆、端面跳动量	图纸、技术协议	100%	W	R	
9	总装	静止部分的找中心、校水平	图纸、技术协议	100%	W	R	
		滑销配合间隙测量	图纸、技术协议	100%	W	R	
		通流部分间隙测量	图纸、技术协议	抽检20处数据	W	R	
		转子与汽缸的同轴度	图纸、技术协议	100%	W	R	
		推力盘总间隙	图纸、技术协议	100%	W	R	
		轴瓦间隙	图纸、技术协议	100%	W	R	
		整机性能试验	图纸、技术协议	100%	W	R	
10	油漆	品牌、漆膜厚度、颜色	技术协议	100%	W	R	
11	发运前检查	包装形式、唛头、箱单、资料、技术协议符合度	合同、技术协议	100%	H	R	

七、高、低压加热器

高、低压加热器，是利用在汽轮机内做过部分功的蒸汽，抽至加热器内加热给水，提高给水的温度，减少汽轮机排往凝汽器中的蒸汽量，降低能源损失，提高热力系统循环效率的设备。

（一）高、低压加热器监造要点

1. 原材料

封头、筒体、水室、换热管、连接螺栓、管板、管接头与取样管原材料证明，热处理记录、无损检测记录，随炉试样化学成分分析和机械性能测试进行入厂复验。阀门等配套承压阀门质量资料、合格证检查；安全阀整定报告。

2. 主要尺寸检查

封头最小壁厚；壳体、隔板厚度；换热管壁厚；接管开孔位置与管道规格；容器长度和直径。

3. 水压试验

管程、壳程水压试验应符合技术协议或相关标准要求。

4. 发运前检查

充氮压力；检查包装材料、包装形式符合合同要求，检查备品备件、外购件、技术质量资料、唛头、箱单等符合技术协议要求。

（二）高、低压加热器质量见证项目

高、低压加热器质量见证项目见表 2-23。

表 2-23 　　　　　　　　　高、低压加热器质量见证项目表

序号	部件名称	检验 / 试验项目	检验标准	检验比例	见证方式		备注
					买方	业主	
1	管板	原材料证明书	技术协议或图纸	100%	R	R	
		检查管板钻孔节距、孔间距、孔径、数量及粗糙度	技术协议或图纸	100%	R	R	
2	换热管	原材料证明书	技术协议或图纸	100%	R	R	
		通球试验	技术协议或图纸	抽检	W	R	
3	水室和壳体	封头与筒身用板材材料入厂验收	技术协议或图纸	100%	R	R	
		纵、环缝无损检测	技术协议或图纸	100%	R	R	
4	装配	管子管板焊（胀）口检漏	技术协议或图纸	100%	W	R	
		焊后热处理（如果有）	技术协议或图纸	100%	R	R	
		最终尺寸（直径、长度）	技术协议或图纸	100%	W	R	
		管、壳程水压试验	技术协议或图纸	100%	W	R	
5	油漆	品牌、漆膜厚度、颜色	技术协议	100%	W	R	
6	发运前检查	包装形式、唛头、箱单、资料、技术协议符合度	合同、技术协议	100%	H	R	

八、除氧器

除氧器是锅炉及供热系统关键设备之一，它能除去热力系统给水中的溶解氧及其他气体，是保证电厂和工业锅炉安全运行的重要设备，如果除氧器除氧能力差，将对锅炉给水管道、省煤器和其他附属设备造成严重的腐蚀，引起的经济损失将是除氧器造价的几十甚至几百倍。除氧器主要由外筒体、喷嘴（或填料喷淋装置）、内部管道及外部支撑座、平台、扶梯等组成。

（一）除氧器监造要点

1. 原材料

受压元件的钢管、钢板、扁钢等原材料证书检查；原材料入厂复验。

2. 焊接质量

焊缝热处理报告；焊缝无损检测报告检查。

3. 几何尺寸检查

部件几何尺寸；外接管的位置、规格、长度。

4. 水压试验

水压试验压力符合技术协议要求，如果无要求则按照图纸上要求的压力进行，无泄漏情况。

5. 内部防腐和清洁度检查

防腐材料和清洁度符合技术协议要求。

6. 发运前检查

检查包装材料、包装形式符合合同要求，检查备品备件、外购件、技术质量资料、唛头、箱单等符合技术协议要求。

（二）除氧器质量见证项目

除氧器质量见证项目见表 2-24。

表 2-24　　　　　　　　　　　除氧器质量见证项目表

序号	部件名称	检验/试验项目	检验标准	检验比例	见证方式		备注
					买方	业主	
1	壳体、封头、管道原材料	化学成分分析	技术协议或图纸	100%	W	R	
		机械性能测试	技术协议或图纸	100%	W	R	
		尺寸（厚度）	图纸	抽检	R	R	
2	法兰	材料合格证、尺寸和表面质量	技术协议或图纸	抽检	W	R	
3	垫板	材料合格证、尺寸和表面质量	技术协议或图纸	抽检	W	R	
4	喷嘴	材料合格证，进口件报关单	技术协议或图纸	100%	R	R	
5	封头（单块板或拼接板）	材料合格证	技术协议或图纸	100%	R	R	
		成型后最小厚度	技术协议或图纸	100%	W	R	
		成型后拼接焊缝 RT（射线检测）	技术协议或图纸	100%	R	R	
		成型后拼接焊缝 MT（磁粉检测）	标准或图纸	100%	R	R	
6	壳体	卷板、坡口加工后检查板材表面质量	图纸	抽检	W	R	
		焊缝外观	标准	抽检	W	R	
		尺寸确认（包括椭圆度）	图纸	抽检	W	R	
7	管接头连接筒体制造	管接头焊缝外观及尺寸	图纸	抽检	W	R	
		管接头与筒体焊缝无损检测	图纸	100%	R	R	
		管接头尺寸、外观	图纸	抽检	W	R	
8	组装	附件完整度	图纸	100%	W	R	
		焊缝外观	图纸	100%	W	R	
		总装外观、尺寸	图纸	抽检	W	R	
		水压试验	技术协议或图纸	100%	W	R	

续表

序号	部件名称	检验/试验项目	检验标准	检验比例	见证方式 买方	见证方式 业主	备注
9	油漆	品牌、漆膜厚度、颜色	技术协议	100%	W	R	
10	发运前检查	包装形式、唛头、箱单、资料、技术协议符合度	合同、技术协议	100%	H	R	

九、旁路阀门

旁路阀门分为高压旁路阀和低压旁路阀。高压旁路是将高温高压的主蒸汽，不再通过汽轮机高压缸，而是直接减温减压后回到再热冷段，它和汽轮机的高压缸是并联的关系，因此也叫汽轮机的一个旁路。与高压旁路相对应的低压旁路就是将再热热段的蒸汽不通过中压和低压缸，而是直接通向凝结器。旁路阀是一种保护装置。

（一）旁路阀门监造要点

1. 原材料

阀体、阀杆、阀芯、阀座、平衡管、油管路原材料证明、热处理报告；随炉试样化学成分分析和机械性能测试入厂复验报告。

2. 装配尺寸

阀芯与阀座的密封，确保接触均匀、密封良好，检查阀体启闭灵活无卡涩。

3. 性能测试

阀门壳体水压和密封试验符合技术协议或图纸要求；油站工作正常，各接管和油箱无渗漏。

4. 发运前检查

检查包装材料、包装形式符合合同要求，检查备品备件、外购件、技术质量资料、唛头、箱单等符合技术协议要求。

（二）旁路阀门质量见证项目

旁路阀门质量见证项目见表2-25。

表2-25 旁路阀门质量见证项目表

序号	部件名称	检验/试验项目	检验标准	检验比例	见证方式 买方	见证方式 业主	备注
1	阀体、阀盖、阀芯、阀杆、阀座	化学成分分析与机械性能测试	图纸	每炉	R	R	
		尺寸	图纸	抽检	W	R	
		无损检测	图纸	100%	R	R	
		表面质量	图纸	100%	R	R	
		硬度	图纸	100%	W	R	

序号	部件名称	检验 / 试验项目	检验标准	检验比例	见证方式		备注
					买方	业主	
2	阀芯与阀座配合	密封情况	图纸	100%	W	R	
		无损检测	图纸	100%	R	R	
3	阀门	开关测试	图纸	100%	W	R	
4	执行器	功能测试	图纸	100%	W	R	
5	油站	功能测试	图纸	100%	W	R	
6	阀门	压力试验（壳体、上密封、阀座密封）	技术协议	100%	W	R	
7	油漆	品牌、漆膜厚度、颜色	技术协议	100%	W	R	
8	发运前检查	包装形式、唛头、箱单、资料、技术协议符合度	合同、技术协议	100%	H	R	

十、凝结水精处理设备

汽轮机凝结水因为各种原因或多或少存在一定的污染，对于超临界参数的机组而言，由于其对给水水质的要求很高，所以需要对凝结水进行更深程度的净化，即凝结水精处理。

凝结水精处理的作用：

（1）机组正常运行时，除去系统中微量溶解盐类，提高凝结水水质，保证优良的给水品质和蒸汽质量。

（2）冷却水泄漏时，除去因泄漏而融入的溶解盐类和悬浮物，为机组按正常程序停机争得时间。

（3）机组启动时，除去凝结水中的铜、铁腐蚀产物，缩短启动时间。

凝结水精处理主要组成设备：前置过滤器、热水箱、高速混床、高位树脂分离塔、阴床和阳床、酸碱设备、加药设备、冲洗水泵、罗茨风机、储气罐、不锈钢管道、衬胶衬塑管道、控制设备等。

（一）凝结水精处理设备监造要点

1. 原材料

依据图纸、技术协议审查各设备主要部件原材料，包括化学成分分析、机械性能测试等资料；对进口部件检查报关单及商检报告、原产地证明等资料。

2. 尺寸与部件配置检查

各箱罐类设备外形尺寸（长、宽、高）；转动设备机械密封、轴承品牌型号、电动机品牌、阀门品牌符合技术协议要求；衬胶衬塑设备与管道连接法兰角度正确。

3. 性能测试

（1）箱罐类（阳床、阴床、混床、前置过滤器、高位分离塔、酸碱罐、压缩空气罐等）设备和阀门水压试验。注意水压在设备衬胶衬塑前进行。

（2）衬胶、衬塑类设备、管道电火花检查。

（3）水泵、罗茨风机等转动设备性能测试。

4. 外观检查

衬胶、衬塑、油漆前设备基面清理、除锈检查。焊缝外观检查。

5. 外观油漆检查

油漆品牌、颜色、涂刷层数、漆膜厚度符合技术协议要求。

6. 发运前检查

检查包装材料、包装形式符合合同要求，检查备品备件、外购件、技术质量资料、唛头、箱单等符合技术协议要求。

（二）凝结水精处理设备质量见证项目

凝结水精处理设备质量见证项目见表2-26。

表2-26　　　　　　　　　凝结水精处理设备质量见证项目表

序号	部件名称	检验/试验项目	检验标准	检验比例	见证方式		备注
					买方	业主	
1	箱、罐	板材原材料证明	技术协议与图纸	100%	R	R	
		板材厚度	技术协议与图纸	100%	W	W	
		部件材质证明	技术协议与图纸	100%	R	R	
		封头最小壁厚	技术协议与图纸	100%	W	R	
		焊缝外观质量	技术协议与图纸	100%	W	R	
		焊缝无损检测	技术协议与图纸	100%	R	R	
		水压试验	技术协议与图纸	100%	W	R	
		衬胶设备电火花检测	技术协议与图纸	100%	W	R	
2	泵	泵壳、轴、叶轮原材料证明	技术协议与图纸	100%	R	R	
		叶轮与密封环间隙	技术协议与图纸	100%	W	R	
		转子动平衡试验	技术协议与图纸	100%	W	R	
		泵体水压试验	技术协议与图纸	100%	W	R	
		性能试验	技术协议与图纸	100%	W	R	
		泵体油漆颜色与厚度	技术协议与图纸	100%	W	R	
		电动机测试	技术协议与图纸	100%	R	R	
3	阀门	阀体、阀芯、阀杆原材料证明	技术协议与图纸	100%	R	R	
		水压试验	技术协议与图纸	100%	W	R	
		密封试验	技术协议与图纸	100%	W	R	
		衬胶阀门电火花检测	技术协议与图纸	100%	W	R	
4	管道	原材料证明	技术协议与图纸	100%	R	R	
		壁厚、直径	技术协议与图纸	100%	W	R	

序号	部件名称	检验/试验项目	检验标准	检验比例	见证方式 买方	见证方式 业主	备注
4	管道	衬胶、衬塑原材证明	技术协议与图纸	100%	R	R	
		衬胶、衬塑管道电火花检测	技术协议与图纸	100%	W	R	
5	法兰与螺栓	原材料证明	技术协议与图纸	100%	R	R	
6	树脂	含水率、破碎率	技术协议与图纸	100%	W	R	
		原材料证明	技术协议与图纸	100%	R	R	
7	PLC 柜	通电测试	技术协议与图纸	100%	W	R	
		柜内零部件技术协议符合度	技术协议与图纸	100%	R	R	
8	油漆	品牌、漆膜厚度、颜色	技术协议	100%	W	R	
9	发运前检查	包装形式、唛头、箱单、资料、技术协议符合度	合同、技术协议	100%	H	R	

十一、汽机房行车

汽机房行车也称汽机房电动双梁起重机，是电厂建设时期吊运安装、运行时期吊运检修汽机房设备的起重机械，主要由桥架、端梁、大车驱动装置、小车、操作室及有关电气设备组成。

（一）汽机房行车监造要点

1. 原材料

检查吊钩、车轮、钢丝绳滚筒、行车梁、轨道、钢丝绳材质证明书及合格证，其化学成分分析、机械性能测试、金相、无损检测等报告应符合技术协议或相关标准。

2. 外购件

主要外购件供应商或品牌应符合技术协议要求或经过确认。

3. 生产过程

（1）检查行车梁焊缝质量，对接焊缝 UT（超声波检测），角焊缝 MT（磁粉检测）及报告。

（2）检查吊钩探伤、行车轮硬度，锻造轮 UT（超声波检测）、钢丝绳强度、电缆。

（3）减速机性能测试合格、刹车装置制动灵活可靠。

（4）整机出厂前负荷试验。行走机构、吊钩起降装置、限位装置、控制装置工作正常可靠。大梁变形量符合设计要求。

4. 外观检查

部件油漆前表面除锈等级应达到 Sa2.5 级；油漆品牌、涂漆层数、漆膜厚度、油漆颜色符合技术协议要求。

5. 发运前检查

检查包装材料、包装形式符合合同要求，检查备品备件、外购件、（技术、质量）资料、唛头、箱单等符合技术协议要求。

（二）汽机房行车质量见证项目

汽机房行车质量见证项目见表 2–27。

表 2–27　　　　　　　　　　汽机房行车质量见证项目表

序号	部件名称	检验/试验项目	检验标准	检验比例	见证方式 买方	见证方式 业主	备注
1	桥架	材质	GB/T 1591《低合金高强度结构钢》	100%	R	R	
		力学及工艺性能试验复检	GB/T 1591《低合金高强度结构钢》	100%	R	R	
2			大车架				
2.1	主梁制作	起拱度、腹板垂直度、尺寸	GB/T 14405《通用桥式起重机》、图纸	100%	W	R	
2.2	平台栏杆	规格尺寸	图纸	100%	W	R	
3	焊缝	焊接原材料证明	国标、图纸	100%	R	R	
		焊接外观质量	DL/T 678《电站钢结构焊接通用技术条件》	100%	R	R	
		无损检测	国标、图纸	100%	R	R	
4	车轮	原材料证明	图纸	100%	R	R	
		热处理	图纸	100%	R	R	
		尺寸	图纸	100%	W	R	
5	销轴	原材料证明	图纸	100%	R	R	
		热处理	图纸	100%	R	R	
6	卷筒	原材料证明	图纸	100%	R	R	
		焊接质量	图纸	100%	R	R	
7	吊钩	化学成分分析	GB/T 10051《起重吊钩》、图纸	100%	R	R	
		机械性能测试	GB/T 10051《起重吊钩》、图纸	100%	R	R	
		热处理	GB/T 10051《起重吊钩》、图纸	100%	R	R	
		无损检测	GB/T 10051《起重吊钩》、图纸	100%	R	R	
8	钢丝绳	产品质量证明	GB 8918《重要用途钢丝绳》	100%	R	R	
9	减速机	性能试验	GB/T 8905.2《起重机用底座式减速器》、GB/T 9003《起重机用三合一减速器》	100%	W	R	

续表

序号	部件名称	检验/试验项目	检验标准	检验比例	见证方式 买方	见证方式 业主	备注
10	制动器	动作试验	JB/T 6406《电力液压鼓式制动器》	100%	W	R	
11	滑轮	质量合格证	JT 5028《轧制滑轮》	100%	R	R	
12	行走机构	试运行	图纸、GB/T 9003《起重机用三合一减速器》	100%	W	R	
13	起升机构	试运行	图纸、GB/T 8905.2《起重机用底座式减速器》	100%	W	R	
14	电控柜元件/电缆	合格证	技术协议	100%	R	R	
15	油漆防腐	油漆前喷砂、喷丸质量	技术规范	100%	W	R	
		油漆品牌、漆膜厚度、颜色	技术协议	100%	W	R	
16	性能试验	绝缘试验	TSGQ 7002《桥式起重机型式试验细则》	100%	W	R	
		辅助装置与试验	GB/T 14405《通用桥式起重机》	100%	W	R	
		限位开关、联锁和安全装置	GB/T 14405《通用桥式起重机》	100%	W	R	
		空载试验	GB/T 14405《通用桥式起重机》	100%	W	R	
		静载试验	GB/T 14405《通用桥式起重机》	100%	W	W	
		动载试验	GB/T 14405《通用桥式起重机》	100%	W	R	
		主梁下挠度测量	GB/T 14405《通用桥式起重机》	100%	W	R	
17	发运前检查	包装形式、唛头、箱单、资料、技术协议符合度	合同、技术协议	100%	H	R	

十二、化学水处理设备

电站化学水处理系统设备主要作用是对原水进行处理，制出合格的除盐水，满足锅炉和汽轮机用水的要求。主要组成设备包括：石英砂过滤器、活性炭过滤器、自清洗过滤器、（超滤、反渗透）装置、阳床、阴床、混床设备；辅助设备（酸碱泵、酸碱罐、计量泵等）、压缩空气罐、冲洗水泵、管道（衬胶、衬塑、不锈钢、碳钢）、水箱等。

（一）化学水处理设备监造要点

1. 原材料

依据图纸、技术协议审查各设备主要部件原材料，包括化学成分分析、机械性能测试等资料，对进口部件检查报关单及商检报告、原产地证明等资料。

2. 尺寸与部件配置检查

各箱罐类设备外形尺寸（长宽高）；转动设备机械密封、轴承品牌型号、电动机品牌、阀门品牌符合技术协议要求；衬胶衬塑设备与管道连接法兰角度正确。

3. 性能测试

（1）箱罐类（阳床、阴床、混床、石英石过滤器、活性炭过滤器、超滤与反渗透、酸碱罐、压缩空气罐等）设备与阀门水压试验。注意水压试验在设备衬胶衬塑前进行。

（2）衬胶、衬塑类设备、管道电火花检查。

（3）水泵、罗茨风机等转动设备性能测试。

4. 外观检查

衬胶、衬塑、油漆前设备基面清理、除锈检查。焊缝外观检查。

5. 外观油漆检查

油漆品牌、颜色、涂刷层数、漆膜厚度符合技术协议要求。

6. 发运前检查

检查包装材料、包装形式符合合同要求，检查备品备件、外购件、技术质量资料、唛头、箱单等符合技术协议要求。

（二）化学水处理设备质量见证项目

化学水处理设备质量见证项目见表2-28。

表2-28　　　　　　　　化学水处理设备质量见证项目表

序号	部件名称	检验/试验项目	检验标准	检验比例	见证方式 买方	见证方式 业主	备注
1	箱、罐	板材原材料证明	技术协议与图纸	100%	R	R	
		板材厚度	技术协议与图纸	100%	W	W	
		部件材质证明	技术协议与图纸	100%	R	R	
		封头最小壁厚	技术协议与图纸	100%	W	W	
		焊缝外观质量	技术协议与图纸	100%	W	W	
		焊缝无损检测	技术协议与图纸	100%	R	R	
		水压试验	技术协议与图纸	100%	W	W	
		衬胶设备电火花	技术协议与图纸	100%	W	W	
2	泵	泵壳、轴、叶轮原材料证明	技术协议与图纸	100%	R	R	
		叶轮与密封环间隙	技术协议与图纸	100%	W	W	
		转子动平衡试验	技术协议与图纸	100%	W	R	

序号	部件名称	检验/试验项目	检验标准	检验比例	见证方式		备注
					买方	业主	
2	泵	泵体水压试验	技术协议与图纸	100%	W	R	
		泵性能试验	技术协议与图纸	100%	W	R	
		泵体油漆颜色与厚度	技术协议与图纸	100%	W	R	
		电动机测试报告	技术协议与图纸	100%	R	R	
3	阀门	阀体、阀芯、阀杆原材料证明	技术协议与图纸	100%	R	R	
		水压试验	技术协议与图纸	100%	W	R	
		密封试验	技术协议与图纸	100%	W	R	
		衬胶阀门电火花检测	技术协议与图纸	100%	W	R	
4	超滤与反渗透	水压试验	技术协议与图纸	100%	W	R	
		滤材原材料证明	技术协议与图纸	100%	R	R	
5	管道	原材料证明	技术协议与图纸	100%	R	R	
		壁厚、直径	技术协议与图纸	100%	W	R	
		衬胶、衬塑原材料证明	技术协议与图纸	100%	R	R	
		衬胶、衬塑管道电火花检测	技术协议与图纸	100%	W	R	
6	法兰与螺栓	原材料证明	技术协议与图纸	100%	R	R	
7	树脂	含水率、破碎率	技术协议与图纸	抽检	W	R	
		原材料证明	技术协议与图纸	100%	R	R	
8	PLC 柜	通电测试	技术协议与图纸	100%	R	R	
		柜内零部件技术协议符合度	技术协议与图纸	100%	W	R	
9	油漆	品牌、漆膜厚度、颜色	技术协议	100%	W	R	
10	发运前检查	包装形式、唛头、箱单、资料、技术协议符合度	合同、技术协议	100%	H	R	

十三、组合式空调机组、新风机组

组合式空调机组是由各种空气处理功能段组装而成的一种空气处理设备。只处理新风的是新风机组，处理新风和回风混合的为空调机组。工作原理都是用冷水降温除湿，区别在于新风机组处理的是新风、温度和湿度较高，而空调机组处理的是混合后的空气，温度和湿度都更接近送风状态，因此两种机组盘管的面积和排数不一样。

（一）组合式空调机组、新风机组监造要点

1. 原材料

检查原材料证明，确保原材料为正规厂家产品；材料镀锌、烤漆层颜色厚度符合技术要求。原材料的厚度符合技术协议要求。

2. 性能测试

表冷器严密性试验；电动机性能测试；控制柜耐压、绝缘测试；整机性能测试。

3. 发运前检查

检查包装材料、包装形式符合合同要求，检查备品备件、外购件、（技术、质量）资料、唛头、箱单等符合技术协议要求。

（二）组合式空调机组、新风机组质量见证项目

组合式空调机组、新风机组质量见证项目见表2-29。

表2-29　　　　　　　　组合式空调机组、新风机组质量见证项目表

序号	部件名称	检验/试验项目	检验标准	检验比例	见证方式 买方	见证方式 业主	备注
1	骨架、彩板、镀锌板、铜管	原材料证明	技术协议与图纸	100%	R	R	
		材料厚度	技术协议与图纸	抽检	W	R	
		镀锌层厚度	技术协议与图纸	100%	W	R	
2	电动机	型号、规格、品牌、合格证	技术协议与图纸	100%	R	R	
3	表冷器	气密性试验	技术协议与图纸	100%	W	R	
4	风机	性能试验	技术协议与图纸	100%	W	R	
5	电控柜	绝缘、耐压试验、内部配置	技术协议与图纸	100%	W	R	
6	整机	性能试验	技术协议与图纸	100%	H	R	
7	油漆	品牌、漆膜厚度、颜色	技术协议	100%	W	R	
8	发运前检查	包装形式、唛头、箱单、资料、技术协议符合度	合同、技术协议	100%	H	R	

十四、汽机房屋顶风机

为了改善汽机房通风效果，保障人员舒适工作和设备安全运行，因此在汽机房屋顶安装机械式风机，主要由风筒、风帽、风叶、电动机等组成。

（一）屋顶风机监造要点

1. 原材料

检查原材料证明，确保原材料为正规厂家产品；检查玻璃钢部件树脂含量、玻璃钢弯曲强度、玻璃钢厚度、外表面质量。

2. 性能测试

电动机性能测试；整机性能测试。

3. 发运前检查

检查包装材料、包装形式符合合同要求，检查备品备件、外购件、技术质量资料、唛头、箱单等符合技术协议要求。

（二）屋顶风机质量见证项目

屋顶风机质量见证项目见表 2-30。

表 2-30　　　　　　　　　　　屋顶风机质量见证项目表

序号	部件名称	检验 / 试验项目	检验标准	检验比例	见证方式		备注
					买方	业主	
1	钢结构	原材料证明	技术协议与图纸	100%	R	R	
2	玻璃钢风筒、风帽	材料厚度	技术协议与图纸	100%	W	R	
3	风机叶片	静平衡	技术协议与图纸	100%	W	R	
4	电动机	型号、规格、品牌、合格证	技术协议与图纸	100%	W	R	
5	整机	性能试验	技术协议与图纸	100%	W	R	
6	油漆	品牌、漆膜厚度、颜色	技术协议	100%	W	R	
7	发运前检查	包装形式、唛头、箱单、资料、技术协议符合度	合同、技术协议	100%	H	R	

十五、机械通风冷却塔

机械通风冷却塔是一种利用风机强制通风，使之循环冷却的装置。主要由风机、水泵、喷水嘴、补充水装置及水池等组成。

从冷凝器流出的温水，用水泵送上塔顶，由于塔内设置了间隔很小的格网，使喷淋在水塔内的水沿格网表面流动，以扩大水和空气的接触面，有利于散热。塔的顶部装的风机，强制空气流动，提高水与空气的热交换效率。淋水装置与空气的接触表面越大，接触时间越长，水的冷却效果就越好。散热后的冷却水从塑料纤维波纹板的缝隙流到下部的水池，再由水泵送入冷凝器使用，如此进行循环。机械通风冷却塔有顺流式和逆流容式两种。两种冷却塔的结构形式和冷却方式各具有不同的特点。

（一）机械通风冷却塔监造要点

1. 原材料

检查原材料证明，确保原材料为正规厂家产品；玻璃钢部件树脂含量、玻璃钢弯曲强度、玻璃钢厚度、外表面质量；紧固件材质符合技术协议要求；镀锌层厚度与均匀度；百叶与填料厚度。

2. 性能测试

减速机性能测试；电控柜绝缘、耐压测试；照明装置模拟测试；变频电动机性能测试；

整机性能测试。

3. 发运前检查

检查包装材料、包装形式符合合同要求，检查备品备件、外购件、（技术、质量）资料、唛头、箱单等符合技术协议要求。

（二）机械通风冷却塔质量见证项目

机械通风冷却塔质量见证项目见表 2-31。

表 2-31   机械通风冷却塔质量见证项目表

序号	部件名称	检验/试验项目	检验标准	检验比例	见证方式		备注
					买方	业主	
1	钢结构与进水管	原材料证明	技术协议与图纸	100%	R	R	
		焊缝外观质量	标准与图纸	100%	W	R	
		镀锌层厚度与均匀度	技术协议与图纸	100%	W	R	
2	玻璃钢部件（风筒、风墙板等）	结构层树脂含量	技术协议与图纸	100%	R	R	
		厚度	技术协议与图纸	100%	W	R	
		巴氏硬度测试	标准或图纸	100%	W	R	
		弯曲强度测试	标准或图纸	100%	W	R	
		表面质量	技术协议与图纸	100%	W	R	
3	电动机	型号、规格、品牌、合格证	技术协议与图纸	100%	R	R	
		试运转试验	技术协议与图纸	100%	W	R	
4	电控柜与变频器	模拟调试	技术协议与图纸	100%	W	R	
5	减速机	性能试验	技术协议与图纸	100%	W	R	
6	风机	性能试验	技术协议与图纸	100%	W	R	
7	照明设备	模拟试验	技术协议与图纸	100%	W	R	
8	百叶窗	百叶厚度	技术协议与图纸	100%	W	R	
9	淋水填料与收水器	原材料证明	技术协议与图纸	100%	R	R	
		基片厚度测量	技术协议与图纸	100%	W	R	
		拉伸强度测试	技术协议与图纸	100%	W	R	
10	紧固件	原材料证明	技术协议	100%	R	R	
11	油漆	品牌、漆膜厚度、颜色	技术协议	100%	W	R	
12	发运前检查	包装形式、唛头、箱单、资料、技术协议符合度	合同、技术协议	100%	H	R	

十六、热网加热器

热网加热器是用来加热送往热网的采暖水，加热蒸汽来自于压力较高的汽轮机抽汽或从锅炉引来的新汽，经减温减压后作为热源，将热网水加热到所需的送水温度。

（一）热网加热器监造要点

1. 原材料

壳体、封头、换热管、隔板、进出口接管原材料证明，材料厚度。

2. 生产过程检查

焊缝无损检测报告，管子涡流探伤报告，管板 UT（超声波检测）探伤报告。

3. 水压试验

管侧与汽侧水压试验。

4. 发运前检查

检查包装材料、包装形式符合合同要求，检查备品备件、外购件、（技术、质量）资料、唛头、箱单等符合技术协议要求。

（二）热网加热器质量见证项目

热网加热器质量见证项目见表 2-32。

表 2-32　　　　　　　　　　热网加热器质量见证项目表

序号	部件名称	检验 / 试验项目	检验标准	检验比例	见证方式 买方	见证方式 业主	备注
1	传热管	材料理化性能	技术协议与图纸	100%	R	R	
		管子涡流探伤	技术协议与图纸	100%	R	R	
		管子直径与厚度	技术协议与图纸	100%	W	R	
2	管板	材料理化性能	技术协议与图纸	100%	R	R	
		管板超声探伤	技术协议与图纸	100%	R	R	
		管板厚度	图纸	100%	W	R	
3	壳体	材料理化性能	技术协议与图纸	100%	R	R	
		焊缝无损检测	技术协议与图纸	100%	R	R	
		壳体材料厚度	图纸	100%	W	R	
4	装配	管侧水压试验	技术协议与图纸	100%	W	R	
		壳侧水压试验	技术协议与图纸	100%	W	R	
5	油漆	品牌、漆膜厚度、颜色	技术协议	100%	W	R	
6	发运前检查	包装形式、唛头、箱单、资料、技术协议符合度	合同、技术协议	100%	H	R	

第三节 电控专业设备

一、发电机

发电机是将其他形式的能源转换成电能的机械设备,主要包括定子、转子、励磁控制系统等部件。

发电机定子主要由机座、定子铁芯、定子绕组、端盖等部分组成。机座起支持和固定定子铁芯、定子绕组的作用,同时结构上要满足通风和密封要求;端盖是电机密封的一个组成部分,分为外端盖、内端盖和导风环(挡风圈),发电机的轴承与密封支座都装在端盖上;定子铁芯是构成发电机磁路和固定定子绕组的重要部件,为了减少铁芯的磁滞和涡流损耗,大容量发电机定子铁芯应采用导磁率高、损耗小、厚度为 0.35~0.5mm 的优质冷轧硅钢片叠装而成。

发电机转子主要由转轴、转子绕组、护环、中心环和风扇等组成。转子转轴采用导磁性能好和机械强度高的优质合金钢锻件,并具有良好的导磁性且能承受很大的离心力作用;护环通常用非磁性高合金奥氏体钢锻制而成;转子绕组由高强度含银铜线制成并应具有较高的抗蠕变能力。

励磁控制系统由励磁功率单元和励磁调节器组成。励磁功率单元是向发电机转子绕组提供直流励磁电流的励磁电源部分;励磁调节器是根据控制要求的输入信号和给定的调节准则,控制励磁功率单元输出的装置。

(一)发电机监造要点

1. 原材料及外购件

核对原材料和外购件的出厂证明或入厂检验记录。根据技术协议中对原材料和外购件的型号、技术参数、生产供货商的要求,核对实物是否相符,应满足相关国家标准和发电机生产企业验收标准。

2. 定子装配

定子装配流程为:装配工作准备—定子机座焊接—定位筋—定子铁芯叠装压紧—定子铁损试验—定子下线—定子耐压—厂内总装气密试验。定子装配是一项工序复杂、安装调整要求高的系统工程,组装的质量直接关系到机组的安装质量,其控制关键因素主要包括定位筋装焊尺寸,定子铁芯叠装的总长、内径、紧量尺寸的检测和定子各焊接部件变形的控制。

3. 转子装配

转子生产加工是从转轴开始,转轴毛胚进厂后经过初车、精车、铣槽、打孔等多道工序后,需要进行最终尺寸的检查以及与护环配合尺寸的检查。转轴的机械加工尺寸及径向跳动是重要检验,转轴尺寸和动平衡试验都应符合标准要求。

4. 轴瓦

超声波探伤、尺寸检查和红丹接触面检查。

5. 励磁系统和氢、油、水控制系统

励磁柜在厂内只进行柜体加工和组装,所有内部元件均从国外进口,所有逻辑程序都是系统自带的,试验目的主要是检查内部逻辑以及接线是否正确。重要检验点是出厂试验,

包括：介电强度试验、自动励磁调节器单元特性试验、操作控制回路动作试验、整流装置均压均流试验、整流器故障模拟试验、自动励磁调节器电压整定、励磁调节器手动调节范围、励磁调节装置通道切换试验、调差率测定、保护及监视装置检查、温升试验以及噪声试验等。

氢、油、水控制系统重要检验点是最后完工的密封试验和水压试验，结果应符合厂内标准和技术协议要求。

（二）发电机质量见证项目

发电机质量见证项目见表 2-33。

表 2-33 发电机质量见证项目表

序号	部件名称	检验 / 试验项目	检验标准	检验比例	见证方式		备注
					买方	业主	
1	转轴	原材料质保书	工厂标准	100%	R	R	
		机械性能试验报告	工厂标准	100%	R	R	
		转轴探伤报告	工厂标准	100%	R	R	
		残余应力试验报告	工厂标准	100%	R	R	
		导磁率测定	工厂标准	100%	R	R	
		锻件化学成分分析	工厂标准	100%	R	R	
		关键部位（转子轴颈）加工尺寸及精度、粗糙度	图纸	100%	W	R	
2	轴瓦	UT（超声波检测）探伤试验	图纸	100%	W	R	
		尺寸检查	图纸	100%	W	R	
3	槽楔	原材料质保书	图纸	100%	R	R	
		机械性能报告	图纸	100%	R	R	
		化学成分分析	图纸	100%	R	R	
4	护环	原材料质保书	图纸	100%	R	R	
		机械性能报告	工厂标准	100%	R	R	
		化学成分分析	工厂标准	100%	R	R	
		超声波探伤报告	工厂标准	100%	R	R	
		残余应力报告	工厂标准	100%	R	R	
		加工尺寸及精度	图纸	100%	W	R	
5	中心环	原材料质保书	图纸	100%	R	R	
		机械性能报告	JB/T 1269	100%	R	R	
		超声波探伤	JB/T 1269	100%	R	R	
		化学成分分析	JB/T 1269	100%	R	R	
		加工尺寸及精度	图纸	100%	W	R	

续表

序号	部件名称	检验/试验项目	检验标准	检验比例	见证方式		备注
					买方	业主	
6	风叶	原材料质量证明书	图纸	100%	R	R	
7	集电环	原材料质保书	图纸	100%	R	R	
		机械性能报告	JB/T 1269	100%	R	R	
		化学成分分析	JB/T 1269	100%	R	R	
		无损探伤报告	JB/T 1269	100%	R	R	
		加工尺寸及精度	图纸	100%	W	R	
8	转子铜线	原材料质保书	图纸	100%	R	R	
		机械性能报告	图纸	100%	R	R	
		化学成分分析	图纸	100%	R	R	
		导电率测试报告	图纸	100%	R	R	
9	硅钢片	原材料质保书	图纸	100%	R	R	
		单耗测试	图纸	100%	R	R	
		冲片漆膜及毛刺抽查	图纸	10%	R	R	
		表面绝缘电阻测量	图纸	10%	R	R	
10	定子铜线	原材料质保书	图纸	100%	R	R	
		机械性能报告	图纸	100%	R	R	
		化学成分分析	图纸	100%	R	R	
		导电率报告	图纸	100%	R	R	
		空心导线探伤检验	图纸	100%	R	R	
11	转子	转子通风试验	JB/T 6229	100%	W	R	
		转子绕组下线及焊接检查	图纸	100%	W	R	
		绕组交流耐压试验	GB/T 7064	100%	H	W	
		绕组冷态直流电阻测定	GB/T 7064	100%	H	W	
		交流阻抗的测定	GB/T 7064	100%	H	W	
		超速试验	GB/T 7064	100%	H	W	
		动平衡时测轴及轴承座振动值	GB/T 7064	100%	H	W	
		动态波形法测转子匝间短路	GB/T 7064	100%	H	W	
		转子引线气密试验	JB/T 6227	100%	H	R	
		发电机集电环小轴系高速动平衡试验	GB/T 7064	100%	H	W	

续表

序号	部件名称	检验/试验项目	检验标准	检验比例	见证方式		备注
					买方	业主	
12	定子线棒	线棒尺寸、形状、绝缘检查	图纸	100%	R	R	
		线棒绝缘介质损失角测定	图纸	10%	W	R	
13	密封瓦	密封瓦尺寸精度检查	图纸	100%	R	R	
14	氢冷器	冷却器水压试验	图纸	100%	W	R	
15	定子	铁芯尺寸及压紧量检查	图纸	100%	E	R	
		铁芯损耗发热试验	GB/T 7064	100%	W	R	
		测温元件埋设情况	图纸	100%	W	R	
		绕组冷态直流电阻	GB/T 7064	100%	W	R	
		线圈焊接检查	图纸	100%	W	R	
		绕组直流耐压及泄漏电流	GB/T 7064	100%	H	W	
		绕组交流耐压试验	GB/T 7064	100%	H	W	
		绕组气流量试验	图纸	100%	W	R	
		绕组气密试验	JB/T 6228	100%	H	W	
		定子线圈端部固有频率试验	GB/T 7064	100%	W	R	
		定子整体气密试验	JB/T 6227	100%	H	W	
16	整机型式试验	轴电压试验（*）	图纸、技术协议	100%	R	R	
		效率试验（*）	图纸、技术协议	100%	R	R	
		电话谐波因数（*）	图纸、技术协议	100%	R	R	
		电压波形畸变率（*）	图纸、技术协议	100%	R	R	
		温升试验（*）	图纸、技术协议	100%	R	R	
		空载特性试验（*）	图纸、技术协议	100%	R	R	
		稳态短路特性试验（*）	图纸、技术协议	100%	R	R	
		短路比（*）	图纸、技术协议	100%	R	R	
		短时升高电压试验（*）	图纸、技术协议	100%	R	R	
		电抗和时间常数（*）	图纸、技术协议	100%	R	R	
		发电机—小轴系高速动平衡试验报告（*）	图纸、技术协议	100%	R	R	
17	氢控制系统	出厂试验报告	图纸、技术协议	100%	W	R	
18	水控制系统	出厂试验报告	图纸、技术协议	100%	W	R	

续表

序号	部件名称	检验/试验项目	检验标准	检验比例	见证方式 买方	见证方式 业主	备注
19	油控制系统	出厂试验报告	图纸、技术协议	100%	W	R	
20	励磁系统	原材料、原器件质量保证书	图纸、技术协议	100%	R	R	
		机械性能试验	图纸、技术协议	100%	H	W	
		交流耐压试验	图纸、技术协议	100%	H	W	
		空载和短路特性测定	图纸、技术协议	100%	H	W	
		温升试验（*）	图纸、技术协议	100%	R	R	
		励磁系统各部件绝缘试验	图纸、技术协议	100%	H	W	
		励磁调节装置各单元特性测定	图纸、技术协议	100%	H	W	
		励磁调节装置总体静特性测定	图纸、技术协议	100%	H	W	
		控制保护信号模拟动作试验	图纸、技术协议	100%	H	W	
		功率整流装置均流试验（*）	图纸、技术协议	100%	R	R	
		转子过电压保护单元试验（*）	图纸、技术协议	100%	R	R	
		励磁系统部件温升试验	图纸、技术协议	100%	H	W	
		功率整流装置噪声试验	图纸、技术协议	100%	H	W	
		励磁调节装置的老化试验	图纸、技术协议	100%	H	W	厂内72小时
		手动励磁控制单元调节范围测定	图纸、技术协议	100%	H	W	
		自动电压调节器调节范围测定	图纸、技术协议	100%	H	W	
		调差率测定或检查	图纸、技术协议	100%	H	W	
		静差率测定（*）	图纸、技术协议	100%	R	R	
		励磁调节装置调节通道切换试验（*）	图纸、技术协议	100%	R	R	
		强励电压倍数及电压响应时间测定（*）	图纸、技术协议	100%	R	R	
		励磁控制系统电压/频率特性（*）	图纸、技术协议	100%	R	R	

续表

序号	部件名称	检验/试验项目	检验标准	检验比例	见证方式 买方	见证方式 业主	备注
20	励磁系统	发电机空载电压给定阶跃响应试验（*）	图纸、技术协议	100%	R	R	
		发电机零起升压试验（*）	图纸、技术协议	100%	R	R	
		PSS 试验（*）	图纸、技术协议	100%	R	R	
		电压分辨率测定（*）	图纸、技术协议	100%	R	R	
		发电机灭磁试验（*）	图纸、技术协议	100%	R	R	
		发电机起励试验（*）	图纸、技术协议	100%	R	R	
		励磁调节装置抗电磁干扰试验（*）	图纸、技术协议	100%	R	R	
		发电机甩无功负荷试验	图纸、技术协议	100%	H	W	
		功率整流装置输出尖峰电压测量	图纸、技术协议	100%	H	W	
		励磁系统模型和参数的确认试验（*）	图纸、技术协议	100%	R	R	
21	配套仪表盘柜（箱）	试验、控制仪表元件检查	图纸、技术协议	100%	W	R	
22	发运前检查	包装形式、唛头、箱单、资料、技术协议符合度	合同、技术协议	100%	H	R	

注：带（*）项目提供同型号型式试验报告。

二、电力变压器（油浸式）

电力变压器是电力系统中重要的电气设备，起着传递、分配电能的重要作用。按单台变压器的相数来区分，变压器可分为三相变压器和单相变压器。在三相电力系统中，通常使用三相电力变压器。当容量过大或受到制造条件或运输条件限制时，在三相电力系统中有时也采用由三台单相变压器连接成三相变压器组使用。

变压器一般是由铁芯、绕组、油箱、冷却装置、绝缘套管、绝缘油以及其他附件所构成。铁芯是变压器的主要结构件之一，采用高质量、低损耗 0.3mm 的晶粒取向冷轧硅钢片叠制而成。绕组采用铜导线，有良好的冲击电压波分布，应确保绕组内不发生局部放电，绕组匝间工作场强一般不会大于 2kV/mm；变压器油箱一般由钢板焊接而成，顶部不应形成积水，内部不能有窝气死角；储油柜又称油枕，装于变压器箱体顶部，与箱体之间有管道连接相通；变压器冷却一般采用强迫油循环风冷，冷却风扇电动机和油泵电动机为 380V 三相电动机，有过载、短路和断相保护功能；变压器采用电容式套管，在套管中装有电流互感器，所有的电流互感器的变比在变压器铭牌中均有标注。

（一）电力变压器监造要点

1. 原材料及外购件

核对原材料和外购件的出厂证明或入厂检验记录。根据技术协议中对原材料和外购件的型号、技术参数、供货商的要求，核对实物是否相符，应满足相关国家标准和变压器生产企业验收标准。主要原材料和外购件有硅钢片、绕组线、绝缘材料和绝缘件、变压器油、密封件、套管、电流互感器、散热器、冷却器及其他装配附件等。

2. 油箱制造

油箱制造必须符合图纸要求，各种尺寸误差在公差要求之内，焊接处无凹痕、砂眼、咬边、裂痕、未焊透等缺陷。密封试验和机械强度试验是油箱的两个关键试验项目，密封试验是施加 0.05MPa 的压力，时间 16h，油箱应无渗漏和损伤现象；机械强度试验要求真空强度 133Pa/30min，弹性变形量不大于 30mm，永久变形量不大于 7mm。油箱喷漆的漆膜厚度应大于 200um。

3. 铁芯制造

铁芯大部分采用高导磁率，低损耗的冷轧硅钢片。首先按照变压器设计尺寸进行纵剪，剪片平整无弯曲，无损伤，表面绝缘漆膜完整，铁芯片毛刺小于 0.02mm。铁芯剪切后再进行叠装，在铁芯叠积中对平整度进行检查，紧密平整，位置正确，边侧无翘起及波浪状，油道与叠片绝缘不通路，铁芯屏蔽完整，接地良好，铁芯清洁，无污、无锈。铁芯制作必须符合设计图纸要求和制造厂的工艺标准规范要求。此制作过程时间长，精细度要求高，需长时间在现场做好巡检、见证。

4. 线圈制造

线圈绕制紧密，垫块、撑条布置均匀，上下整齐，线圈内外径、绕向匝数符合图纸要求，各线圈的绝缘件安装符合要求，线圈出头位置及出头屏蔽整形符合制造厂工艺要求。线圈整体绝缘干燥时的线圈温度、真空度、出水率要符合制造厂的技术要求。

5. 器身装配

变压器的器身装配是在空调净化室中进行的，从外部环境确保了器身装配过程中的清洁和干燥。变压器铁芯起立后进行绕组的整体套装以及器身绝缘件的装配和检查，绕组整体套装紧实，上下垫块对齐，各油隙撑条内外对齐。各部位距离尺寸控制都是非常重要的工艺见证点。铁芯和夹件要分别接地，并只有一点接地，绝缘电阻良好。器身装配后进入半成品试验，半成品试验包含插板试验、空载损耗和空载电流测量、绕组的直流电阻、变比和联结组别，试验必须符合设计要求值。

6. 总装配

变压器经干燥后进行器身整理及紧固，器身紧固采用压钉装置，作业人员要用力矩扳手均匀对称的上紧压钉装置，保证同一相线圈高低压两侧均匀压紧。器身内部应无异物，油箱屏蔽安装规整、牢固、绝缘可靠，无杂物附着。器身入箱时降落平稳缓慢，定位准确，检查引线间及引线对油箱的绝缘距离符合图纸要求。落罩后进行箱沿密封，上下油箱用螺栓固定，同时进行其他附件的装配，如升高座、套管、导油管、储油柜、有载分接开关等，各组配件的组装要完全符合图纸要求。最后变压器抽真空，真空度 25Pa 以下维持达 36h，再接着真空注油、热油循环、静放 60h。

7. 出厂试验

变压器出厂试验主要目的是验证产品的性能是否符合合同技术协议及相关标准的要求，

通过试验验证变压器在额定条件下能够长期运行,并且能够承受预期的过电流和过电压而不影响寿命。变压器试验项目分为例行试验、特殊试验和型式试验。例行试验项目包含绕组直流电阻测量、变比及联结组别测定、短路阻抗和负载损耗测量、空载电流和空载损耗测量、绝缘电阻和介损测量、工频耐压、感应耐压、雷电冲击、局部放电试验、分接开关试验、油箱及储油柜密封试验、绝缘油化验等,特殊试验包含零序阻抗测量、声级测定、空载电流谐波测量、风扇和油泵电动机吸取功率测量,型式试验包含温升试验。所有试验项目及试验顺序应符合技术协议要求,应严格密切注意试验过程中异常质量情况及现象,详细记录各种数据,并出具合格的试验报告。

(二)电力变压器质量见证项目

电力变压器质量见证项目见表 2-34。

表 2-34　　　　　　　　　　电力变压器质量见证项目表

序号	部件名称	检验 / 试验项目	检验标准	检验比例	见证方式 买方	见证方式 业主	备注
1	主要原材料						
1.1	钢材	合格证、材质单	符合 5~100mm 钢板验收规则	100%	R	R	
		外观检验		40%	R	R	
		尺寸检验		40%	R	R	
1.2	硅钢片	合格证、材质单	冷扎取向电工硅钢片验收规则	100%	R	R	按批次抽检
		外观检验		2%	R	R	
		厚度		2%	R	R	
		磁感应强度试验		2%	R	R	
		铁损试验		2%	R	R	
1.3	铜线	合格证、材质单	纸包绕组线验收规则	100%	R	R	按批次抽检
		外观检验		1%	R	R	
		尺寸检验		1%	R	R	
		性能试验		1%	R	R	
1.4	电工绝缘纸板	合格证、材质单	绝缘纸板产品标准	100%	R	R	按批次抽检
		外观检验		20%	R	R	
		厚度		20%	R	R	
		性能试验		20%	R	R	
1.5	绝缘油	合格证、材质单	变压器油验收规则	100%	R	R	
		外观检验		100%	R	R	
		性能试验		100%	R	R	

续表

序号	部件名称	检验/试验项目	检验标准	检验比例	见证方式 买方	见证方式 业主	备注
1.6	纸浆异型绝缘件、角环	合格证	绝缘成型件标准	100%	R	R	
		外观检验		50%	R	R	
		尺寸检验		50%	R	R	
1.7	电工层压木	合格证、材质单	电工层压木板产品标准	100%	R	R	
		外观检验		20%	R	R	
		厚度		20%	R	R	
2	主要外购件						
2.1	高压套管	合格证、试验报告	套管验收规则	100%	R	R	
		型号、外观检验		100%	R	R	
2.2	高压中性点套管	合格证、试验报告	套管验收规则	100%	R	R	
		型号、外观检验		100%	R	R	
2.3	低压套管	合格证、试验报告	套管验收规则	100%	R	R	
		型号、外观检验		100%	R	R	
2.4	冷却器	合格证、试验报告	变压器用组件产品验收规则	100%	R	R	
		型号、外观检验、尺寸检验		100%	R	R	
2.5	压力释放阀	合格证、试验报告	进口组件及灭火装置、在线检测装置验收规则	100%	R	R	
		型号、外观检验		100%	R	R	
2.6	蝶阀、球阀、闸阀	合格证、试验报告	阀门验收规则	100%	R	R	
		型号、外观检验		100%	R	R	
2.7	气体继电器	合格证、试验报告	进口组件及灭火装置、在线检测装置验收规则	100%	R	R	
		型号、外观检验		100%	R	R	
2.8	绕组温控器	合格证	进口组件及灭火装置、在线检测装置验收规则	100%	R	R	
		型号、外观检验		100%	R	R	
2.9	油面温控器	合格证	进口组件及灭火装置、在线检测装置验收规则	100%	R	R	
		型号、外观检验		100%	R	R	
2.10	控制柜	合格证、试验报告	变压器用总控箱和分控箱验收规则	100%	R	R	
		型号、外观检验		100%	R	R	
2.11	有载开关	型号、外观检查	分接开关验收规则	100%	R	R	
		切换试验		100%	R	R	

序号	部件名称	检验/试验项目	检验标准	检验比例	见证方式		备注
					买方	业主	
2.12	套管 CT	合格证、试验报告	测量装置及电流互感器验收规则	100%	R	R	
		型号、外观检验		100%	R	R	
2.13	速动油压继电器	合格证、试验报告	进口组件及灭火装置、在线检测装置验收规则	100%	R	R	
		型号、外观检验		100%	R	R	
2.14	密封件	合格证、试验报告	变压器类产品用橡胶密封制品	100%	R	R	
		型号、外观检验		100%	R	R	
2.15	油位计	合格证、试验报告	变压器用油位计验收规则	100%	R	R	
		型号、外观检验		100%	R	R	
3	油箱及附件						
3.1	油箱	外观检验	图纸	100%	W	R	
		尺寸检验	图纸	100%	W	R	
		正负压（强度）试验	图纸	100%	W	R	
		内部清洁度	图纸	100%	W	R	
		焊线质量检验	图纸	100%	W	R	
		涂漆质量	图纸	100%	W	R	
		焊缝检查	图纸	100%	W	R	
3.2	夹件	外观检验	图纸	100%	R	R	
		尺寸检验	图纸	100%	R	R	
		焊线质量	图纸	100%	R	R	
		检验表面处理质量	图纸	100%	R	R	
		涂漆质量	图纸	100%	R	R	
3.3	升高座	外观检验	图纸	100%	R	R	
		尺寸检验	图纸	100%	R	R	
		内部清洁度	图纸	100%	R	R	
		焊线质量	图纸	100%	R	R	
		检验表面处理质量	图纸	100%	R	R	
		涂漆质量	图纸	100%	R	R	
3.4	储油柜	外观检验	图纸	100%	R	R	
		尺寸检验	图纸	100%	R	R	
		内部清洁度	图纸	100%	R	R	

续表

序号	部件名称	检验/试验项目	检验标准	检验比例	见证方式 买方	见证方式 业主	备注
3.4	储油柜	表面处理质量	图纸	100%	R	R	
		涂漆质量	图纸	100%	R	R	
		密封试验	图纸	100%	R	R	
4	线圈	线规测量	图纸	100%	R	R	
		线圈外观及清洁度检验	图纸	100%	R	R	
		线圈尺寸检验	图纸	100%	R	R	
		导线焊接端部绝缘件放置	图纸	100%	R	R	
		绕阻压装与处理	图纸	100%	R		
5					铁芯装配		
5.1	硅钢片剪切	外观检验	图纸	2%	W	R	
		毛刺	图纸	2%	W	R	
		尺寸	图纸	2%	W	R	
5.2	铁芯叠装	铁芯尺寸，毛刺检查	图纸	100%	W	R	
		铁芯绝缘电阻	图纸	100%	W	R	
		清洁检验	图纸	100%	W	R	
6	器身装配	线圈出头绝缘包扎与屏蔽	图纸	100%	W	R	
		绝缘件放置及压紧	图纸	100%	W	R	
		铁芯绝缘电阻	图纸	100%	W	R	
		铁芯紧固件紧固情况	图纸	100%	W	R	
		清洁度	图纸	100%	W	R	
7	引线装配	引线夹持、排列、连接（焊接）	图纸	100%	W	R	
		引线连接处屏蔽与绝缘包扎	图纸	100%	W	R	
		线圈表面检查	图纸	100%	W	R	
		引线对各部位绝缘距离	图纸	100%	W	R	
		金属紧固件紧固情况	图纸	100%	W	R	
		零部件安装	图纸	100%	W	R	
		清洁度	图纸	100%	W	R	
		器身半成品试验	图纸	100%	W	R	

续表

序号	部件名称	检验/试验项目	检验标准	检验比例	见证方式 买方	见证方式 业主	备注
8	干燥	干燥操作检查记录	工厂标准	100%	R	R	
9	总装配	器身检查	图纸	100%	W	R	
		油箱及屏蔽检查	图纸	100%	W	R	
		器身压紧	图纸	100%	W	R	
		器身金属及非金属紧固件紧固检查	图纸	100%	W	R	
		夹件及铁芯绝缘电阻	图纸	100%	W	R	
		清洁度	图纸	100%	W	R	
		引线对油箱壁绝缘距离	图纸	100%	W	R	
		套管安装	图纸	100%	W	R	
		组、部件安装	图纸	100%	W	R	
		真空注油处理	图纸	100%	W	R	
		静放及油压试漏	图纸	100%	W	R	
10		产品试验					
10.1	例行试验	绕组电阻测量	IEC 60076、GB 1094	100%	H	W	
		短路阻抗和负载损耗测量	IEC 60076、GB 1094	100%	H	W	
		空载电流和空载损耗测量	IEC 60076、GB 1094	100%	H	W	
		绕组对地绝缘电阻和绝缘系统介质损耗因素的测量	IEC 60076、GB 6451	100%	H	W	
		绝缘例行试验	IEC 60076、GB 1094	100%	H	W	
		电压比测量和联结组标号检定	IEC 60076、GB 1094	100%	H	W	
		绝缘油试验	IEC 60076、GB 1094	100%	H	W	
10.2	型式试验	温升试验	IEC 60076、GB 1094	100%	H	W	单台
		绝缘油型式试验	IEC 60076、GB 1094	100%	H	W	
10.3	特殊试验	绝缘特殊试验	IEC 60076、GB 1094	100%	H	W	单台
		绕组对地和绕组间的电容测定	IEC 60076、GB 1094	100%	H	W	
		暂态电压传输特定测定	IEC 60076、GB 1094	100%	H	W	
		三相变压器零序阻抗测量	IEC 60076、GB 1094	100%	H	W	

续表

序号	部件名称	检验/试验项目	检验标准	检验比例	见证方式 买方	见证方式 业主	备注
10.3	特殊试验	短路承受能力试验	IEC 60076、GB 1094	100%	H	W	单台
		声级测定	IEC 60076、GB 7328	100%	H	W	
		空载电流谐波测量	IEC 60076、GB 1094	100%	H	W	
		风扇电动机和油泵的吸取功率测量	IEC 60076、GB 1094	100%	H	W	
11	吊芯检查	油箱内部和器身金属紧固件	图纸	100%	W	R	
		器身非金属紧固件检查	图纸	100%	W	R	
		夹件及铁芯绝缘电阻	图纸	100%	W	R	
		清洁度	图纸	100%	W	R	
12	发运前检查	包装形式、唛头、箱单、资料、技术协议符合度	合同、技术协议	100%	H	R	

三、金属封闭母线

电站项目户外配电装置多采用金属封闭母线。由发电机至变压器的连接常采用离相封闭母线，厂用变压器及启动备用变压器与厂内配电装置的连接一般采用共箱母线。

离相封闭母线主要由母线导体、支持绝缘子和防护屏蔽外壳组成，导体和外壳均采用铝管结构。外壳是由导电铝制成的连续圆筒，与设备连接处采用可拆伸缩装置，在发电机出线与封闭母线 A、B、C 相和中性点的连接处共预留 4 个氢气检漏测点安装位置。导体采用圆筒形的高导电率铝线，导体在同一断面上用三个支持绝缘子支撑，每个绝缘子之间相差 120°。由一系列的绝缘体支撑在外罩的正中心上。母线带电体对外壳（地）空气净距不小于 240mm。绝缘子绝缘水平短时工频耐压不低于 75kV，雷电冲击耐受电压不低于 150kV，绝缘子的沿面泄漏距离不小于 600mm。并在封闭母线每组支持绝缘子底部设电加热装置 1 只，防止绝缘子结露。电压互感器柜一般由封闭母线供货商成套供货，其结构采用移开式金属铠装结构。为了保证封闭母线微正压的运行方式需配置微正压装置，保证在母线内充有一定的干燥空气。

共箱母线与离相封闭母线的主要区别在于，共箱母线为三相共箱结构，三相母线公用同一外壳。共箱母线的导体一般采用铜铝母排或槽铝槽铜结构，外壳多为方形铝制外壳。

（一）金属封闭母线监造要点

1. 原材料及外购件

监造人员应熟悉技术协议中原材料和外购件的要求，按要求对原材料和外购件进行查验。重点关注母线导体的材质证明，包括铜材及铝材的材质证明，检验记录等。外购件主要包括绝缘子、微正压装置等，其中应着重检验绝缘子的检验报告，根据需要应对绝缘子的爬电距离进行核实。

2. 产品尺寸检查

监造人员应根据图纸对产品主要尺寸进行抽检，包括单节母线的长度、外形尺寸、绝缘间隙、导体尺寸、外壳厚度等。

3. 母线焊接检查

检查母线焊接的 PQR（焊接工艺评定）和 WPS（焊接工艺规程）文件，现场检查母线焊接的外观质量。

4. 产品出厂试验

按照技术协议及相关标准的要求对母线出厂应进行试验见证，主要包括母线的绝缘电阻，工频耐压测试等。

（二）金属封闭母线质量见证项目

金属封闭母线质量见证项目见表 2-35。

表 2-35　　　　　　　　　　金属封闭母线质量见证项目表

序号	部件名称	检验/试验项目	检验标准	检验比例	见证方式 买方	见证方式 业主	备注
1			封闭母线				
1.1	外壳及导体	原材料材质报告	GB/T 8349	100%	R	R	
		几何尺寸	GB/T 8349	100%	R	R	
		焊接	GB/T 8349	100%	R	R	
		接头镀银层	GB/T 8349	100%	R	R	
1.2	绝缘子	合格证及检验报告	GB/T 8349	100%	R	R	
		外观检查	GB/T 8349	0.5%	R	R	每批次不少于6只
		机械电器性能检查	GB/T 8349	0.5%	R	R	
		爬电距离	GB/T 8349	0.5%	R	R	
1.3	微正压装置	结构性能检测	GB/T 8349	100%	R	R	
1.4	出厂试验	外观尺寸检查	GB/T 8349	100%	W	R	
		绝缘电阻测试	GB/T 8349	100%	W	R	
		工频耐压试验	GB/T 8349	100%	W	R	
		厚度	图纸	20%	R	R	
2			共箱母线				
2.1	外壳及导体	原材料材质报告	GB/T 8349	100%	R	R	
		几何尺寸	GB/T 8349	100%	R	R	
		焊接	GB/T 8349	100%	R	R	
		接头镀银层	GB/T 8349	100%	R	R	

续表

序号	部件名称	检验 / 试验项目	检验标准	检验比例	见证方式 买方	见证方式 业主	备注
2.2	绝缘子	合格证及检验报告	GB/T 8349	100%	R	R	每批次不少于6只
		外观检查	GB/T 8349	0.5%	R	R	
		机械电器性能检查	GB/T 8349	0.5%	R	R	
		爬电距离	GB/T 8349	0.5%	R	R	
2.3	母线整体出厂试验	外观尺寸检查	GB/T 8349	20%	W	R	
		绝缘电阻测试	GB/T 8349	20%	W	R	
		工频耐压试验	GB/T 8349	20%	W	R	
3	发运前检查	包装形式、唛头、箱单、资料、技术协议符合度	合同、技术协议	100%	H	R	

四、断路器

高压断路器是用于断开或闭合正常工作电流、短路电流的开关电器，在高压电路中起控制作用，是高压电路中的重要电器元件之一。高压断路器的主要结构大体分为导流部分、灭弧部分、绝缘部分、操作机构部分，主要类型按灭弧介质分为油断路器、空气断路器、真空断路器、SF_6断路器、固体产气断路器、磁吹断路器。电站项目常用的为SF_6断路器。

额定电压和额定电流是高压断路器的主要性能参数。额定电压的大小影响断路器的外形尺寸和绝缘水平，额定电压越高要求绝缘强度越高、外形尺寸越大、相间距离亦越大。额定电流的大小，决定断路器导电部分和触头的尺寸和结构，在相同的允许温升下，电流越大，要求导电部分和触头的截面积越大。

（一）断路器监造要点

1. 原材料及外购件

根据图纸及技术协议检查原材料及主要外购件的检验报告。

2. 产品外观检查

断路器及其所有附件的品牌、型号规格和产品尺寸等均应符合技术文件和图纸的要求。

3. 产品出厂试验

按照技术协议及相关标准的要求对断路器出厂应进行以下试验见证：

（1）主回路的绝缘试验。

（2）辅助和控制回路的绝缘试验。

（3）主回路电阻测量。

（4）机械操作试验，包括在最高电压下进行5次合闸与5次分闸操作，在额定电压下进行5次合分操作，在30%额定电压下进行5次合闸操作与5次分闸操作，检查断路器闭锁装置的可靠性，如防跳、低压闭锁、非全相合闸的强分、防止失压慢分等。操作试验中应记录下列参数：操作压力、电压及其变化范围，分合闸线圈中的电流值，主、辅触头的分合闸速度和特性曲线，主、辅触头的行程、超程及相间和断口间的同期性，分、合闸时间，线圈中电流的持续时间，主、辅触头的时间配合。

（5）测量电流互感器绕组的伏安特性。

（6）局部放电试验。

（7）SF_6 断路器需要进行密封性试验，对气体进行定性检漏。

（二）断路器质量见证项目

断路器质量见证项目见表 2-36。

表 2-36 断路器质量见证项目表

序号	部件名称	检验/试验项目	检验标准	检验比例	见证方式 买方	见证方式 业主	备注
1	原材料及主要外购件	检验报告	图纸	100%	R	R	
2	整机出厂试验	外观检查	GB 1984	100%	H	R	
		电流互感器绕组的伏安特性	GB 1984	100%	H	R	
		测量分、合闸时间	GB 1984	100%	H	R	
		测量分、合闸速度	GB 1984	100%	H	R	
		测量分、合闸同步性	GB 1984	100%	H	R	
		操作机构压力的特性测试	GB 1984	100%	H	R	
		回路电阻测量	GB 1984	100%	H	R	
		SF_6 微水、泄漏试验	GB 1984	100%	H	R	
		一、二次工频耐压试验	GB 1984	100%	H	R	
		局部放电	GB 1984	100%	H	R	
3	发运前检查	包装形式、唛头、箱单、资料、技术协议符合度	合同、技术协议	100%	H	R	

五、隔离开关

高压隔离开关是发电厂和变电站电气系统中重要的开关电器，需与高压断路器配套使用。其主要功能是保证高压电器及装置在检修工作时的安全，起隔离电压的作用，不能用与切断、投入负荷电流和开断短路电流。隔离开关按安装地点不同分为屋内式和屋外式；按绝缘支柱数目不同分为单柱式、双柱式和三柱式。

隔离开关主要结构包括导电部分、绝缘部分、传动部分、底座部分等。整体结构相对比较简单，但是对加工精度有一定要求。

（一）隔离开关监造要点

1. 原材料及外购件

根据图纸及技术协议检查原材料及主要外购件的检验报告。

2.产品外观检查

隔离开关及其所有附件的品牌、型号规格和产品尺寸等均应符合技术文件和图纸的要求，重点检查绝缘瓷瓶的外观以及操作连杆和部件有无开焊、变形、锈蚀、松动、脱落等现象，连接的轴销子紧固的螺母是否完好。

3.产品出厂试验

按照技术协议及相关标准的要求对隔离开关出厂应进行以下试验见证：

（1）主回路的绝缘试验。

（2）辅助和控制回路的绝缘试验。

（3）主回路电阻测量。

（4）机械操作试验：主要指对传动部分进行机械操作测试以及机械特性测试。

（二）隔离开关质量见证项目

隔离开关质量见证项目见表2-37。

表 2-37 隔离开关质量见证项目表

序号	部件名称	检验／试验项目	检验标准	检验比例	见证方式		备注
					买方	业主	
1	原材料及主要外购件	检验报告	图纸	100%	R	R	
2	整机出厂试验	外观检查	GB 1985	100%	H	R	
		主回路电阻测量	GB 1985	100%	H	R	
		机械操作试验	GB 1985	100%	H	R	
		机械特性测量	GB 1985	100%	H	R	
		主回路绝缘试验	GB 1985	100%	H	R	
		辅助和控制回路绝缘试验	GB 1985	100%	H	R	
		操作机构的特性测试	GB 1985	100%	H	R	
		闭锁测试	GB 1985	100%	H	R	
		工频耐压试验	GB 1985	100%	H	R	
3	发运前检查	包装形式、唛头、箱单、资料、技术协议符合度	合同、技术协议	100%	H	R	

六、避雷器

避雷器是用于保护电气设备免受雷击时高瞬态过电压危害，并限制续流时间，也常限制续流赋值的一种电器。避雷器也称为过电压保护器或过电压限制器。避雷器的类型主要有保护间隙、阀型避雷器和氧化锌避雷器。电站项目升压站内用得最多的是氧化锌避雷器。氧化锌避雷器主要由阀片及绝缘套管等组成，其阀片以氧化锌为主要材料，加入少量金属氧化物，在高温下烧结而成。金属氧化锌阀片电阻的伏安特性曲线分为小电流区、非饱和区和饱和区三个区域。在额定电压（或灭弧电压）下，运行在小电流区，其阀片电阻的通过电流仅数百微安，氧化锌阀片电阻呈高阻状态，当加过电压之后，电阻片的通过电流逐渐增加，其过程与一个放电间隙与非线性电阻串联的阀型避雷器击穿相似，氧化锌阀片电阻的通过电流急剧增大，过渡到非饱和区。电压降至起始电压时，氧化锌阀片电阻终止"导通"，又恢复到小电流区运行，可视为无续流通过。

（一）避雷器监造要点

1. 原材料及外购件

根据图纸及技术协议检查原材料及主要外购件的检验报告。

2. 产品外观检查

避雷器及其所有附件的品牌、型号规格和产品尺寸等均应符合技术文件和图纸的要求，重点检查绝缘瓷瓶的外观，如项目有要求需测量爬电距离。

3. 产品出厂试验

按照技术协议及相关标准的要求对避雷器出厂应进行以下试验见证：

（1）持续电流试验。

（2）标称放电电流残压试验。

（3）工频参考电压测试。

（4）直流参考电压测试。

（5）0.75 倍直流参考电压下泄漏电流试验。

（6）局部放电试验。

（7）密封性测试。

（8）多柱避雷器应进行电流分布试验。

（二）避雷器质量见证项目

避雷器质量见证项目见表 2-38。

表 2-38　　避雷器质量见证项目表

序号	部件名称	检验/试验项目	检验标准	检验比例	见证方式 买方	见证方式 业主	备注
1	原材料及主要外购件	检验报告	图纸	100%	R	R	
2	整机出厂试验	外观检查	GB 11032	100%	H	R	
		直流参考电压试验	GB 11032	100%	H	R	
		0.75 倍直流参考电压下泄漏电流试验	GB 11032	100%	H	R	
		局部放电测量试验	GB 11032	100%	H	R	
		密封试验	GB 11032	100%	H	R	
		持续电流试验	GB 11032	100%	H	R	
		工频参考电压试验	GB 11032	100%	H	R	
		标称放电电流下残压试验	GB 11032	100%	H	R	电阻片
3	发运前检查	包装形式、唛头、箱单、资料、技术协议符合度	合同、技术协议	100%	H	R	

七、电流、电压互感器

互感器是电力系统中获取电气一次回路信息的一种变压器，有电流互感器和电压互感器两大类。电站项目常用的为电磁式互感器。电磁式互感器是由一个一次绕组和多个二次绕组组成，根据电磁感应原理，将高电压、大电流，按比例变成低电压和小电流的测量信号，其一次绕组直接接在高压系统中，二次绕组则根据不同要求，分别接入各种测量设备，如仪表、继电保护和自动装置等用以对电气设备的保护、监测等。

（一）电流、电压互感器监造要点

1. 原材料及外购件

根据图纸及技术协议检查原材料及主要外购件的检验报告。

2. 产品外观检查

互感器及其所有附件的品牌、型号规格和产品尺寸等均应符合技术文件和图纸的要求。

3. 产品出厂试验

按照技术协议及相关标准的要求对互感器出厂应进行以下试验见证：

（1）测量互感器的准确级。

（2）电磁谐振检查。

（3）测量回路的绝缘电阻。

（4）工频耐压测试。

（5）局部放电试验。

（6）工作频率下，90%~110% 额定电压时测量电容量和介损。

（二）电流、电压互感器质量见证项目

电流、电压互感器质量见证项目见表 2-39。

表 2-39　　　　　　　　　电流、电压互感器质量见证项目表

序号	部件名称	检验/试验项目	检验标准	检验比例	见证方式 买方	见证方式 业主	备注
1	原材料及主要外购件	检验报告	图纸	100%	R	R	
2	整机出厂试验	外观检查	IEC 60044	100%	H	R	
		铁磁谐振检查	IEC 60044	100%	H	R	
		准确级检查	IEC 60044	100%	H	R	
		油试验	IEC 60044	100%	H	R	
		工频耐压试验	IEC 60044	100%	H	R	
		低压端的工频耐压试验	IEC 60044	100%	H	R	
		局放测量	IEC 60044	100%	H	R	
		电磁单元的工频耐压试验	IEC 60044	100%	H	R	

续表

序号	部件名称	检验 / 试验项目	检验标准	检验比例	见证方式		备注
					买方	业主	
2	整机出厂试验	工作频率下，90%~110%额定电压时测量电容量和介损	IEC 60044	100%	H	R	
3	发运前检查	包装形式、唛头、箱单、资料、技术协议符合度	合同、技术协议	100%	H	R	

八、干式变压器

干式变压器也是变压器的一种，与油浸式变压器的区别在于铁芯和绕组不浸在可燃的绝缘油中，而用气体或固体作绝缘介质。按不同的绝缘介质和结构，一般可分为密封型、全封闭型、封闭型、非封闭型、包封绕组型等。

干式变压器的温升限值与其绝缘材料的耐热等级有关。对于干式变压器，在运行中必须保证在任何情况下不得出现使铁芯本身、其他金属部件和相邻材料受损害的温度。

（一）干式变压器监造要点

1. 原材料检验

对硅钢片、铜导线、绝缘材料等原材料的质量保证书进行检查。

2. 外购件检查

对外壳、冷却风机、温控器、零序互感器等外购件的产品质量检验报告进行检查，核对外购件规格、型号、品牌是否与技术协议一致。

3. 线圈试验

核查线圈绕制及浇筑记录以及铁芯叠装及固定记录。

4. 产品出厂试验

按照技术协议及相关标准的要求对干式变压器出厂应进行例行试验见证，主要包括：绕组直流电阻测量、绝缘电阻测量、变比测量、工频耐压测试、空载及负载试验、感应耐压试验、零序阻抗测量等。

（二）干式变压器质量见证项目

干式变压器质量见证项目见表 2-40。

表 2-40　　　　　　　　干式变压器质量见证项目表

序号	部件名称	检验 / 试验项目	检验标准	检验比例	见证方式		备注
					买方	业主	
1	原材料						
1.1	硅钢片	原材料质量保证书	图纸、技术协议	100%	R	R	
1.2	铜导线	原材料质量保证书	图纸、技术协议	100%	R	R	
1.3	低压铜铂	原材料质量保证书	图纸、技术协议	100%	R	R	

续表

序号	部件名称	检验/试验项目	检验标准	检验比例	见证方式 买方	见证方式 业主	备注
1.4	绝缘材料	原材料质量保证书	图纸、技术协议	100%	R	R	
2			外购件				
2.1	外壳	原材料质量保证书	图纸、技术协议	100%	R	R	
2.2	冷却风机	合格证及检验报告	图纸、技术协议	100%	R	R	
2.3	零序互感器	合格证及检验报告	图纸、技术协议	100%	R	R	
2.4	温控器	合格证及检验报告	图纸、技术协议	100%	R	R	
3	线圈	线圈绕制及浇注	图纸	100%	R	R	
4	铁芯	铁芯叠装及固定	图纸	100%	R	R	
5	总装	线圈、铁芯组装	图纸	100%	R	R	
6	整机出厂例行试验	外观检查	GB 6450	100%	H	R	
		绕组直流电阻测量	GB 6450	100%	H	R	
		绝缘电阻测量	GB 6450	100%	H	R	
		变压比和电压矢量关系测定	GB 6450	100%	H	R	
		工频耐压试验	GB 6450	100%	H	R	
		空载试验（包括空载损耗和空载电流）	GB 6450	100%	H	R	
		负载试验（包括负载损耗和阻抗电压）	GB 6450	100%	H	R	
		感应耐压试验	GB 6450	100%	H	R	
		局部放电量测量	GB 6450	100%	H	R	
		零序阻抗测量	GB 6450	100%	H	R	
7	型式试验	同类产品的型式试验报告	GB 6450	100%	R	R	
8	发运前检查	包装形式、唛头、箱单、资料、技术协议符合度	合同、技术协议	100%	H	R	

九、高压开关柜

高压开关柜也称为高压成套配电装置，是根据电气主接线的要求，由开关电器、保护和测量电器、母线和必要的辅助设备组建而成，用于接受和分配电能的装置。它是发电厂和变电所重要的组成部分。

高压开关柜应具备防止误分、误合断路器（或接触器），防止带负荷分、合隔离开关或隔离插头，防止接地开关合上时（或带接地线）送电，防止带电合接地开关（或挂接地线），防止误入带电隔室等五防功能。高压开关设备的闭锁装置有电磁锁和机械锁两种。

（一）高压开关柜监造要点

1. 外购件检查

对开关柜内的断路器、电流互感器、电压互感器、继电保护装置等外购件的质量检验报告进行核实，确认品牌、型号、规格等符合技术协议要求。

2. 外观及尺寸检查

重点检查柜体表面质量及外型尺寸，根据图纸核对柜内元器件配置及接线的正确性。

3. 操作机构检查

检查柜子操作机构，确保正常操作，核实开关柜五防联锁功能。

4. 产品出厂试验

按照技术协议及相关标准的要求对高压开关柜出厂应进行试验见证，主要包括：测量回路的绝缘电阻、工频耐压测试等。

（二）高压开关柜质量见证项目

高压开关柜质量见证项目见表 2-41。

表 2-41　　　　　　　　　　高压开关柜质量见证项目表

序号	部件名称	检验/试验项目	检验标准	检验比例	见证方式 买方	见证方式 业主	备注
1	主要外购件	断路器、CT、PT 继电保护等部件的检验报告	图纸	100%	R	R	
2	外观及配置检查	外型尺寸、柜内元器件配置及接线检查	图纸	5%	W	R	同规格至少1台
3	整机出厂试验	结构检查	GB 3906	100%	H	R	
		机械特性和机械操作试验	GB 3906	100%	H	R	
		主电路工频耐压试验	GB 3906	100%	H	R	
		控制和辅助电路上工频耐压试验	GB 3906	100%	H	R	
		主电路电阻测量	GB 3906	100%	H	R	
		接线正确性确认	GB 3906	100%	H	R	
		按照主接线图确认	GB 3906	100%	H	R	
4	发运前检查	包装形式、唛头、箱单、资料、技术协议符合度	合同、技术协议	100%	H	R	

十、低压开关柜

电站项目低压配电装置采用低压配电柜，主要有固定式和金属封闭抽屉式。固定式低压配电屏结构简单、价廉，并可双面维护，检修方便。一般几回低压线路共用一块屏。金属封闭抽屉式低压配电屏主要设备均装在抽屉内；当回路故障时，可拉出检修或换上备用抽屉，便于迅速恢复供电。目前大机组电站的厂用电，多采用密封性能好的抽屉式低压配电柜。

抽屉式低压配电柜主要由主架构和功能单元组成。主架构将配电柜的各功能室相互隔离，分为功能单元室、母线室、电缆室等；功能单元即抽屉式开关，其中集成了断路器、接触器、马达保护器等相应元器件。

（一）低压开关柜监造要点

1. 外购件检查

对开关柜内的断路器、电流互感器、电压互感器、继电保护装置等外购件的质量检验报告进行核实，确认品牌、型号、规格等符合技术协议要求。

2. 外观及尺寸检查

重点检查柜体表面质量及外型尺寸，根据图纸核对柜内元器件配置及接线的正确性。

3. 操作机构检查

检查柜子操作机构，确保正常操作，核实开关柜五防联锁功能。

4. 产品出厂试验

按照技术协议及相关标准的要求对低压开关柜出厂应进行试验见证，主要包括：测量回路的绝缘电阻；工频耐压测试；通电检查元器件动作、信号节点的正确性等。

（二）低压开关柜质量见证项目

低压开关柜质量见证项目见表 2-42。

表 2-42　　　　　　　　　低压开关柜质量见证项目表

序号	部件名称	检验/试验项目	检验标准	检验比例	见证方式 买方	见证方式 业主	备注
1	原材料及主要外购件	断路器、CT、PT等部件的检验报告	图纸	100%	R	R	
2	外观及配置检查	外型尺寸、柜内元器件配置及接线检查	图纸	5%	W	R	同规格至少1台
3	整机出厂试验	通电各元器件正确动作	图纸、技术协议	100%	H	R	
		检查各信号节点是否正确	图纸、技术协议	100%	H	R	
		检查各表记是否正确指示	图纸、技术协议	100%	H	R	
		电气联锁	图纸、技术协议	100%	H	R	
		工频耐压	IEC 60439-1	100%	H	R	
		绝缘电阻	IEC 60439-1	100%	H	R	
4	发运前检查	包装形式、唛头、箱单、资料、技术协议符合度	合同、技术协议	100%	H	R	

十一、发电机变压器组保护柜

发电机变压器组保护是电厂系统中反应发电机、变压器等设备短路故障和异常运行的保护装置，是继电保护自动装置的一种，是能够反应电力系统中电气元件故障或不正常运行状态并动作于断路器跳闸或发出指示信号的一种自动装置。

发电机保护是电网最后一级后备保护，又是发电机本身的主保护。它的出口不仅需要切断发电机变压器组的主断路器，而且必须同时切断发电机的灭磁开关、工作厂变开关、汽轮机主汽门等。

（一）发电机变压器组监造要点

1. 外购件检查

对开关柜内的断路器、电流互感器、电压互感器、继电保护装置等外购件的质量检验报告进行核实，确认品牌、型号、规格等符合技术协议要求。

2. 外观及尺寸检查

重点检查柜体表面质量及外型尺寸，根据图纸核对柜内元器件配置、接线的正确性，逻辑回路及其联合动作正确性检查。

3. 通电测试

通电对设备功能进行测试，包括：保护的定值试验、保护动作时间特性试验、保护动作特性试验、通信及信息输出功能试验、数据采集系统的精度和线性度范围试验、测量回路的绝缘电阻等。

（二）发电机变压器组保护柜质量见证项目

发电机变压器组保护柜质量见证项目见表 2-43。

表 2-43　　　　　　　　发电机变压器组保护柜质量见证项目表

序号	部件名称	检验/试验项目	检验标准	检验比例	见证方式 买方	见证方式 业主	备注
1	主要外购件	检验报告	图纸	100%	R	R	
2	机柜	柜子外型尺寸、元器件配置及接线检查	图纸	5%	W	R	同规格至少1台
3	整机功能检查	装置中各种原理保护的定值试验	DL/T 671	100%	W	R	
		各种原理保护动作时间特性试验	DL/T 671	100%	W	R	
		各种原理保护动作特性试验	DL/T 671	100%	W	R	
		逻辑回路及其联合动作正确性检查	DL/T 671	100%	W	R	
		硬件系统自检	DL/T 671	100%	W	R	
		硬件系统时钟校核	DL/T 671	100%	W	R	
		通信及信息输出功能试验	DL/T 671	100%	W	R	

续表

序号	部件名称	检验/试验项目	检验标准	检验比例	见证方式 买方	见证方式 业主	备注
3	整机功能检查	开关量输入输出回路检查	DL/T 671	100%	W	R	
		数据采集系统的精度和线性度范围试验	DL/T 671	100%	W	R	
		装置动态模拟试验	DL/T 671	100%	W	R	
		绝缘试验	GB 7261	100%	W	R	
		连续通电试验	DL/T 671	100%	W	R	
4	发运前检查	包装形式、唛头、箱单、资料、技术协议符合度	合同、技术协议	100%	H	R	

十二、线路保护柜

220kV 及以上电压等级的超高压输电线路由于种种原因会发生各种故障。为有效增强电网、环网的安全性和稳定性，要求尽快判定故障点并迅速切除故障。高压网络上出现的振荡、串补等问题，又使得高压网络的继电保护更趋复杂化。在此情况下，线路保护装置需具备速动性、选择性、灵敏性、可靠性才能对以上问题进行良好的保护。

（一）线路保护柜监造要点

1. 外购件检查

对开关柜内的断路器、电流互感器、电压互感器、继电保护装置等外购件的质量检验报告进行核实，确认品牌、型号、规格等符合技术协议要求。

2. 外观及尺寸检查

重点检查柜体表面质量及外型尺寸，根据图纸核对柜内元器件配置、接线的正确性，逻辑回路及其联合动作正确性检查。

3. 通电测试

通电对设备功能进行测试，包括：交流模拟量通道检查、飘零检查、电磁兼容试验、起动性能及起动值的检查、开关量分辨率检查、测量回路的绝缘电阻等。

（二）线路保护柜质量见证项目

线路保护柜质量见证项目见表 2-44。

表 2-44   线路保护柜质量见证项目表

序号	部件名称	检验/试验项目	检验标准	检验比例	见证方式 买方	见证方式 业主	备注
1	主要外购件	检验报告	图纸	100%	R	R	
2	机柜	外观及尺寸检查	图纸	5%	W	R	同规格至少1台

续表

序号	部件名称	检验 / 试验项目	检验标准	检验比例	见证方式 买方	见证方式 业主	备注
3	整机检查	绝缘试验	GB/T 14598.14	100%	W	R	
		飘零检查	DL/T 873	100%	W	R	
		交流模拟量通道检查	DL/T 873	100%	W	R	
		直流模拟量通道检查	DL/T 873	100%	W	R	
		交流电压、交流电流相位一致性检查	DL/T 873	100%	W	R	
		开关量分辨率检查	DL/T 873	100%	W	R	
		起动性能及起动值的检查	DL/T 873	100%	W	R	
		电磁兼容试验	GB/T 14598.9	100%	W	R	
		机械性能试验	GB/T 14537	100%	W	R	
4	发运前检查	包装形式、唛头、箱单、资料、技术协议符合度	合同、技术协议	100%	H	R	

十三、电动机

异步电动机的结构主要包括定子、转子机座、轴承、风扇、端盖、接线盒等部分。定子铁芯是电动机磁路的一部分，为了减少磁场在定子铁芯中引起的涡流损耗和磁滞损耗，定子铁芯由 0.5mm 厚的硅钢片叠成。对于容量较大的电动机（10kW 以上），在硅钢片两面涂以绝缘漆，作为片间绝缘之用。定子硅钢片叠装压紧之后，成为一个整体的铁芯，固定于机座内；定子绕组是由线圈按一定的规律嵌入定子槽中，并按一定的方式连接起来的。根据定子绕组在槽中的布置情况，可分为单层及双层绕组。机座的作用主要是固定和支撑定子铁芯。中小型异步电动机一般都采用铸铁机座，并根据不同的冷却方式而采用不同的机座形式；电动机端盖固定于机座上，端盖上设有轴承室，放置轴承并支撑转子。

转子是电动机的旋转部分，是由转子铁芯、转轴、转子绕组等组成。转子铁芯一般用 0.5mm 厚的硅钢片叠成，硅钢片的外圆上冲有嵌放线圈的槽，根据转子绕组的形式，可分为鼠笼型和绕线型。

电站项目一般仅对于电压等级 6kV 及以上的中高压电动机进行监造检验，对于低压电动机除特殊要求外，一般只进行文件见证。

（一）电动机监造要点

1. 主要原材料外购件

根据技术协议重点检查电磁线、云母片、硅钢片、转轴、轴承等材料及外购件材料。

2. 主要零部件加工

以文件审核为主，关注转轴加工、机座焊接、定子铁芯叠压、真空浸漆，转子动平衡、线圈绕线压制、缠绕、总装等工序。

3. 电动机出厂试验

根据技术协议及相关标准要求现场见证电动机出厂各项试验项目，主要包括：直流电阻、绝缘电阻、空载、堵转、耐压、噪声、振动、超速等项目测试。

（二）电动机质量见证项目

电动机质量见证项目见表 2-45。

表 2-45　　　　　　　　　　　　电动机质量见证项目表

序号	部件名称	检验/试验项目	检验标准	检验比例	见证方式		备注
					买方	业主	
高压电动机							
1	主要原材料	原材料质量保证书	图纸	100%	R	R	
2	转子	动平衡试验	IEC 60034	100%	R	R	
3	定子	铁耗测验	IEC 60034	100%	R	R	
4	总装配	中心尺寸检查	IEC 60034	100%	R	R	
5	整机试验	绕组、加热器、测温元件的电阻测量	IEC 60034	100%	H	W	
		额定电压和频率下的空载试验	IEC 60034	100%	H	W	
		堵转	IEC 60034	100%	H	W	
		空载时轴电压测量	IEC 60034	100%	H	W	
		极化指数	IEC 60034	100%	H	W	
		超速试验	IEC 60034	100%	H	W	
		振动试验	IEC 60034	100%	H	W	
		噪声试验	IEC 60034	100%	H	W	
		耐压试验	IEC 60034	100%	H	W	
		50%、75%、100% 负载时的效率计算	IEC 60034	100%	H	W	
		功率因数	IEC 60034	100%	H	W	
		温升试验	IEC 60034	100%	H	W	
6	发运前检查	包装形式、唛头、箱单、资料、技术协议符合度	合同、技术协议	100%	H	R	

注：低压电动机上述表格中的 H、W 点均转为 R 点见证。

十四、分散控制系统（DCS）

DCS 是分散控制系统的简称，国内一般习惯称为集散控制系统。它是一个由过程控制级和过程监控级组成的以通信网络为纽带的多级计算机系统，综合了计算机、通信、显示和控制等 4C 技术组成的系统，其基本思想是分散控制、集中操作、分级管理、配置灵活、组态方便。

DCS 系统主要由现场控制站（I/O 站）、数据通信系统、人机接口单元（操作员站 OPS、工程师站 ENS）、机柜、电源等组成。系统具备开放的体系结构，可以提供多层开放数据接口。

（一）分散控制系统监造要点

1. 文件资料检查

根据技术协议（供货清单）、会议纪要以及其他有效的变更确认文件，检查并确认系统硬件设计已涵盖系统主要供货设备，包括：机柜、盘台、外设及其他成套设备等。

2. 供货范围检查

根据系统硬件图纸，清点并检查系统主要硬件的完整性；数量、类型应符合图纸设计要求；依据合同、技术协议，审查进口部件的规格型号、数量尺寸，并检查报关单及商检报告、原产地证明、测试报告等相关资料。

3. 设备外观检查

对所供设备进行外观目视检查，应无明显损伤、变形、污浊及腐蚀；对机柜、盘台进行外形尺寸检查（同类型可抽查一个），应符合项目对机柜、盘台的尺寸要求；用标准色标卡比对机柜、盘台颜色，进行目视检查，应无明显差别；成排机柜关闭所有前后柜门，在厂房照明良好的情况下，目测机柜柜门应无明显色差。

4. 系统标识检查

产品名称与所属产品一致；机柜标识牌等与设计相符；控制柜柜内模件标识；模块安装位置、标识与设计一致；需跳线设置地址标识清晰；端子板类型标识清晰；端子排标识；每个端子排标识清晰，与设计一致；端子序号完整、正确；柜内线缆标识；预制电缆物料号、起讫信息清晰；连接线缆标识清晰；柜间预制电缆标识；预制电缆物料号、长度、起讫信息清晰；操作盘按钮铭牌；操作盘台设备铭牌清晰，与设计一致；相邻机柜排列布置正确性。

5. 系统网络检查

检查网络交换机连接方式的一致性；检查网络交换机的设备标识唯一性，与设计相符；检查环网结构断点设置正确，统一网络断点唯一性；网管型交换机 IP 地址、固件版本、端口流量等设置正确；与第三方网络通信模块及端口设置正确。

6. HMI 站软件版本及注册信息检查

检查操作系统平台软件版本及注册信息；DCS 控制系统软件 / 补丁程序版本及注册信息；其他外购软件版本及注册信息。

7. HMI 站设置及系统功能检查

检查 HMI 节点配置正确性；检查工程师站、操作员站、历史数据站、网关站等功能是否具备；检查 DCS 系统事件记录和追忆功能；检查系统报表功能。

8. 控制器功能测试

检查并记录控制器型号、软件版本信息及软件授权情况；检查控制器连接功能，并进行操作测试。

9. 输入 / 输出模件检查及功能测试

检查并记录系统安装的各种类型输入 / 输出模件型号、版本号以及固件版本号；各种类型的模件按其系统配置总数的 5% 进行抽检，每种类型至少检查一块；逻辑保护卡、转速测量及保护卡必须全部测试。

10. 自诊断功能测试

按照系统节点 I/O 总线、I/O 模件、I/O 通道的顺序依次进行 DCS 系统的诊断功能测试，验证系统通道级的自诊断能力。

11. 系统部件负荷及存储容量测试

检查应在控制系统软、硬件配置完整的情况下进行，包括控制器、IO 模件及应用软件组态基本完整；控制器负荷率、内存占用率，通过系统自检画面检查所有控制器的负荷率；HMI 负荷率、内存占有率，通过 HMI 计算机操作系统的任务管理器检查；计算机外存余量，通过操作系统的文件管理工具检查。

12. 系统容错（冗余）能力测试

在测试相关的系统控制柜内，使用 AI/AO/DI/DO 模件的某些通道构成硬件闭环通路，并通过软件组态模拟环路上的信号，作为系统容错（冗余）测试的环境；应进行控制器冗余测试、网络容错（冗余）能力测试、IO 总线冗余测试、冗余 IO 功能测试。

13. 电源切换测试

通过分断控制柜输入电源空气开关，模拟控制柜单路电源失去情况，备用电源应自动投入，且控制器、IO 状态应不受任何影响；恢复电源过程中，系统仍应保持正常工作；通过分断控制柜直流电源模块开关、或断开某一路直流电源接线，模拟单路直流电源故障，系统 IO 模件工作应不受任何影响；恢复电源过程中，系统仍应保持正常工作；通过分断交换机电源进线开关，模拟交换机供电回路单路电源失去情况，备用电源应自动投入，且DCS 系统通信总线应不受任何影响；恢复电源过程中，系统仍应保持正常工作。

（二）分散控制系统质量见证项目

分散控制系统质量见证项目见表 2-46。

表 2-46　　　　　　　　　分散控制系统质量见证项目表

序号	部件名称	检验/试验项目	检验标准	检验比例	见证方式		备注
					买方	业主	
1	外购件						
1.1	控制柜，FCP 控制器，IO 模块，电源/通信模块	审查合格证/测试报告	合同/技术协议	100%	R	R	
1.2	工作站，网络交换机，灯	审查合格证/测试报告	合同/技术协议	100%	R	R	
1.3	小型断路器	审查合格证/测试报告	合同/技术协议	100%	R	R	
1.4	监视器，电源	审查合格证/测试报告	合同/技术协议	100%	R	R	
1.5	预制电缆，IO卡件	审查合格证/测试报告	合同/技术协议	100%	R	R	
2	卡件	模拟量精确性测试	合同/技术协议/图纸	100%	R	R	
		卡件通道测试	合同/技术协议/图纸	100%	R	R	

续表

序号	部件名称	检验／试验项目	检验标准	检验比例	见证方式 买方	见证方式 业主	备注
3	FAT						
3.1	硬件	容量／功能测试	合同／技术协议／图纸	100%	H	W	
		硬件外观	合同／技术协议／图纸	100%	II	W	
		系统电源	合同／技术协议／图纸	100%	H	W	
		I/O 点精度及稳定性	合同／技术协议／图纸	10%	H	W	
		工作站／控制器负荷测试	合同／技术协议／图纸	100%	H	W	
		冗余量	合同／技术协议／图纸	10%	H	W	
		DCS 仿真自诊断	合同／技术协议／图纸	10%	H	W	
3.2	系统软件	系统软件功能测试	合同／技术协议／图纸／软件手册	100%	H	W	
		历史软件	合同／技术协议／图纸／软件手册	10%	H	W	
		SOE 软件	合同／技术协议／图纸／软件手册	10%	H	W	
		报告软件	合同／技术协议／图纸／软件手册	10%	H	W	
3.3	控制逻辑功能	MCS 控制回路测试	合同／技术协议／图纸／软件手册	10%	H	W	
		MFT 逻辑测试	合同／技术协议／图纸／软件手册	100%	H	W	
		SCS 逻辑测试	合同／技术协议／图纸／软件手册	10%	H	W	
		ECS 逻辑测试	合同／技术协议／图纸／软件手册	10%	H	W	
4	发运前检查	包装形式、唛头、箱单、资料、技术协议符合度	合同、技术协议	100%	H	R	

十五、旋转机械诊断监测管理系统（TDM 系统）

旋转机械诊断监测管理系统（Turbine Diagnosis Managment，简称 TDM），一般是指汽轮发电机组振动在线状态监测和分析系统，试验数据管理系统。TDM 是一个数据管理系统，属于产品生命周期管理的组成部分。TDM 的主要作用在于对机组运行过程中的数据进行深入分析，获取包括转速、振动波形，频谱、倍频的幅值和相位等故障特征数据，从而为专业的故障诊断人员提供数据及专业的图谱工具，协助机组诊断维护专家深入分析机组运行状态。

（一）TDM 系统监造要点

1. 外观检查

检查机柜钢板厚度、油漆颜色及完整性、漆膜厚度、尺寸以及柜内清洁度检查。

2. 元器件安装检查

核对图纸及技术协议检查元器件品牌、型号规格是否满足要求，合格证、检验报告是否齐全完整。

3. 配线检查

核对图纸检查配线正确性，以及线束捆扎是否美观，导线固定是否牢固。

4. 标记检查

核对图纸检查按钮或开关、端子排、部件的标记。

5. 信号通道测试

使用信号发生器对通道加入模拟信号，测试通道准确性。

6. 软件功能性测试

根据技术协议及设计要求功能，逐项检查各项功能是否符合相应相关要求，主要功能有：

（1）实时监测以监视图、轴系仿真运动图、棒表、数据表格、曲线等方式实时动态显示所监测的数据和状态；能够自动识别盘车、升降速、定速、带负荷和正常运行等状态。

（2）趋势分析：可分析任一个或多个参量相对某个参量的变化趋势，其中横轴和纵轴可任意选定，时间段可任意设定。

（3）报警、危急状态的识别和事故追忆（包括动态数据），设有事件数据库，可追忆事故前 5 分钟和事故后 10 分钟的详细数据。

（4）振动分析：具有强大的振动分析功能，包括：时域分析、频域分析、变速过程；伯德图、极座标图、级联图。

（5）故障诊断：可诊断的故障有不平衡、初始弯曲、对中度不好、轴瓦不稳定、油膜振荡、汽流激振、电磁激振、参数激振、摩擦、轴承座松动、共振和高次谐波共振；系统要有故障诊断知识库，允许用户添加、修改各种规则。

（6）动平衡计算：具有多种平衡计算方法；具有多平面、多测点、多转速计算方法。

（7）时序分析：对重要开关量严格区分动作先后时序，分辨率为小于 1ms。

（8）事件列表：记录每一事件的详细资料。

（9）数据管理和传输：自动存储数据，形成历史数据库、升降速数据库、黑匣子数据库等；实时显示数据存储状态，异常时要提示用户；各种类型的数据库可以有选择地进行备份，并提供备份手段。

（10）报表打印：可定时打印运行报表、自动打印操作记录、屏幕拷贝等。

（11）完善的帮助系统：齐全的系统操作说明；提供典型的故障案例，故障图谱的实例讲解。

（12）能灵活地进行通道、数据存储等配置，并能实时在线配置，且不影响数据采集，每一个通道能自动适应（位移、速度、加速度传感器）各种信号类型；允许设置不同管理权限的用户；自动生成系统日志。

（二）TMD 系统质量见证项目

TMD 系统质量见证项目见表 2-47。

表 2-47 　　　　　　　　　　　　　　TMD 系统质量见证项目表

序号	部件名称	检验 / 试验项目	检验标准	检验比例	见证方式		备注
					买方	业主	
1	System	外观及资料检查	技术协议	100%	W	R	
		性能试验	技术协议	100%	W	R	
2	工程师站及服务器	外观及资料检查	技术协议	100%	R	R	
		性能试验	技术协议	100%	W	R	
		软件功能测试	技术协议	100%	W	R	
3	交换机及网络附件	外观及资料检查	技术协议	100%	R	R	
		性能试验	技术协议	100%	W	R	
4	其他配件及备件检查	外观及资料检查	技术协议	100%	R	R	
5	发运前检查	包装形式、唛头、箱单、资料、技术协议符合度	合同、技术协议	100%	H	R	

十六、数字电液控制系统（DEH）

汽轮机数字电液调节系统主要采用低压透平油型和高压抗燃油型 DEH 系统。其主要任务是调节汽轮发电机组的转速、功率，使其满足电网的要求。汽轮机控制系统的控制对象为汽轮发电机组，它通过控制汽轮机进汽阀门的开度来改变进汽流量，从而控制汽轮发电机组的转速和功率。在紧急情况下，其保安系统迅速关闭进汽阀门，以保护机组的安全。

（一）数字电液控制系统监造要点

1. DEH 硬件测试

DEH 系统设备硬件测试基本与 DCS 系统设备相似。

2. DEH 软件测试

模拟测试 DEH 软件功能，包括：转速控制功能；具有主汽门启动方式的控制系统，在进行阀门切换时，转速波动范围为额定转速的 ±0.5%；负荷控制功能；汽轮机自启动功能；机组保护控制功能；机组保护功能；防进水保护功能检查；对于其他一些功能，在出厂试验时只对画面和逻辑进行检查，比如放进水功能、RB 功能等。

3. 数据采集系统测试

同 DCS 系统设备。

4. 性能测试

DEH 系统出厂前需对性能进行测试，测试内容主要包括：系统电源切换的测试；系统容错能力的测试；卡件可维护性的测试；系统重置能力的测试；CRT 画面响应时间的测试；输入输出通道测试；系统储备容量的测试；负荷率测试；OPC 控制器处理周期检查。

（二）数字电液控制系统质量见证项目

数字电液控制系统质量见证项目见表 2-48。

表 2-48 数字电液控制系统质量见证项目表

序号	部件名称	检验 / 试验项目	检验标准	检验比例	见证方式		备注
					买方	业主	
1	DEH 硬件	检查冗余电源状态	合同、技术协议	100%	W	R	
		冗余供电模件的切换	合同、技术协议	100%	W	R	
		检查通信模件状态	合同、技术协议	100%	W	R	
		检查所有 IO 模件工作是否正常	合同、技术协议	10%	W	R	
		检查冗余控制器备份状态	合同、技术协议	100%	W	R	
		冗余控制器模件切换	合同、技术协议	100%	W	R	
2	DEH 软件	升速	合同、技术协议	100%	W	R	
		升负荷	合同、技术协议	100%	W	R	
		TPC 投入	合同、技术协议	100%	W	R	
		CCS 控制	合同、技术协议	100%	W	R	
		手动停机	合同、技术协议	100%	W	R	
		高压遮断电磁阀试验	合同、技术协议	100%	W	R	
		超速试验	合同、技术协议	100%	W	R	
		喷油试验	合同、技术协议	100%	W	R	
3	数据采集系统	功能测试	合同、技术协议	100%	W	R	
4	通信接口	功能测试	合同、技术协议	100%	W	R	
5	系统接口	功能测试	合同、技术协议	100%	W	R	
6	PLC	功能测试	合同、技术协议	100%	W	R	
7	发运前检查	包装形式、唛头、箱单、资料、技术协议符合度	合同、技术协议	100%	H	R	

十七、管理信息系统（MIS）

管理信息系统（Management Information System，简称 MIS）系统，是一个由人、计算机及其他外围设备等组成的能进行信息收集、传递、存储、加工、维护和使用的系统。其主要任务是最大限度的利用现代计算机及网络通信技术加强企业的信息管理，通过对企业拥有的人力、物力、财力、设备、技术等资源的调查了解，建立正确的数据，加工处理并编制成各种信息资料及时提供给管理人员，以便进行正确的决策，不断提高企业的管理水平和经济效益。主要包括机柜、工程师站及服务器、交换机、网络附件、打印机等部件。

（一）管理信息系统监造要点

1. 机柜外观检查

（1）通过色卡对比方法检查盘柜表面油漆颜色是否符合技术协议要求，油漆表面应光滑均匀，无目视可见划痕露底等。

（2）使用卷尺测量盘柜外形尺寸，应在技术协议要求的尺寸允许误差范围内。

（3）盘柜、元器件铭牌、标签齐全，固定牢固，内容符合技术协议要求。

（4）元器件固定牢固，无影响检修、接线等。

（5）配线整齐美观，线束无松动。

2. 服务器系统测试

为了保证系统的高可用性，需要对新建的系统平台进行高可用性测试，目的是为了验证系统是否达到用户提出的高可用性指标。测试中将模拟主要部件发生故障、更换部件、恢复系统、单台失去电源供应、网络发生故障、SAN 发生故障等，另外还将对群集的优势进行体现。

3. 网络设备的常规测试

对每一台网络设备，需要进行常规测试，主要有：启动测试（包括冷启动和热启动）；状态检查；配置检查；端口检查；物理检查。

4. 网络性能指标测试

测试获取网络运行基本指标，评判网络性能指标是否正常和达到设计要求。主要包括：带宽测试；设备利用率测试；吞吐量测试；数据传输精确度测试；负载测试；延迟测试。

5. 网络连通性测试

网络连通性测试包括：链路连通性；链路冗余；VLAN 连通性测试；网络可用性与稳定性测试。

6. 防火墙测试

防火墙测试包括：系统设备测试；端口状态指示；在线配置等。

7. 系统设备功能测试

系统设备功能测试包括：PC 机从 PIXPIX 设备 Console 口接入或工作站远程登录；系统地址翻译功能 NPAT；系统地址翻译功能 MAP IP；系统过滤策略功能；系统路由功能；配套设备部件的合格证及检验资料审查。

（二）管理信息系统质量见证项目

管理信息系统质量见证项目见表 2-49。

表 2-49　　　　　　　　　　管理信息系统质量见证项目表

序号	部件名称	检验/试验项目	检验标准	检验比例	见证方式 买方	见证方式 业主	备注
1	主要部件检查						
1.1	核心交换机	资料检查	合同、技术协议	100%	R	R	
		性能试验	合同、技术协议	100%	W	R	
1.2	二级交换机	资料检查	合同、技术协议	100%	R	R	
		性能试验	合同、技术协议	100%	W	R	
		软件功能测试	合同、技术协议	100%	W	R	
1.3	接口机	资料检查	合同、技术协议	100%	R	R	
		性能试验	合同、技术协议	100%	W	R	
1.4	物理隔离网闸	资料检查	合同、技术协议	100%	R	R	
		性能试验	合同、技术协议	100%	W	R	
1.5	防火墙	资料检查	合同、技术协议	100%	R	R	
		性能试验	合同、技术协议	100%	W	R	
1.6	实时数据服务器	资料检查	合同、技术协议	100%	R	R	
		性能试验	合同、技术协议	100%	W	R	
1.7	磁盘阵列	资料检查	合同、技术协议	100%	R	R	
		性能试验	合同、技术协议	100%	W	R	
1.8	网管服务器、应用服务器、备份服务器、内部WWW服务器	资料检查	合同、技术协议	100%	R	R	
		性能试验	合同、技术协议	100%	W	R	
1.9	工作站	资料检查	合同、技术协议	100%	R	R	
		性能试验	合同、技术协议	100%	W	R	
1.10	KVM	资料检查	合同、技术协议	100%	R	R	
		性能试验	合同、技术协议	100%	W	R	
1.11	打印机	资料检查	合同、技术协议	100%	R	R	
		性能试验	合同、技术协议	100%	W	R	
1.12	机柜	外观颜色、尺寸、IP等级及资料检查	合同、技术协议	100%	W	R	
		性能试验	合同、技术协议	100%	W	R	
1.13	操作台	资料检查	合同、技术协议	100%	R	R	
		性能试验	合同、技术协议	100%	W	R	

续表

序号	部件名称	检验／试验项目	检验标准	检验比例	见证方式 买方	见证方式 业主	备注
1.14	UPS 电源	资料检查	合同、技术协议	100%	R	R	
		性能试验	合同、技术协议	100%	W	R	
2			软件检查				
2.1	操作系统	检查软件版次、授权许可	合同、技术协议	100%	W	R	
2.2	防病毒软件	检查软件版次、授权许可	合同、技术协议	100%	W	R	
2.3	实时数据库软件	检查软件版次、授权许可	合同、技术协议	100%	W	R	
2.4	SQLSERVER 数据库软件	检查软件版次、授权许可	合同、技术协议	100%	W	R	
2.5	MIS 平台软件	检查软件版次、授权许可	合同、技术协议	100%	W	R	
3			过程检查				
3.1	实时数据库软件	根据技术协议要求功能	合同、技术协议	100%	W	R	
3.2	MIS 平台软件	根据技术协议要求功能	合同、技术协议	100%	W	R	
4	发运前检查	包装形式、唛头、箱单、资料、技术协议符合度	合同、技术协议	100%	H	R	

十八、烟气连续监测系统（CEMS）

烟气连续监测系统（CEMS）是用于监测各种锅炉连续废气排放量的设备，采用直接抽取法，可以连续在线监测颗粒物的浓度、二氧化硫（SO_2）浓度、氮氧化合物（NO_x）浓度、氧气（O_2）含量、烟气温度、烟气压力、烟气流速，还可以增加一氧化碳（CO）、二氧化碳（CO_2）、氯化氢（HCL）、氟化氢（HF）、氨气（NH_3）、碳氢化合物（CH_x）、湿度等参数的测量。

（一）烟气连续监测系统监造要点

1. 外观检查

（1）机柜钢板厚度、油漆颜色及完整性、漆膜厚度、尺寸。

（2）元器件安装检查，核对图纸及技术协议检查元器件品牌、型号规格是否满足要求。

（3）配线检查，核对图纸检查配线正确性，以及线束捆扎是否美观，导线固定是否牢固。

（4）按钮或开关、端子排、部件标记。

（5）机柜内部是否清洁。

2. 电气检查

主要进行通电前的检查，接地线连接检查，通电检查等。

3. 气路检查

主要检查管路是否符合要求，接头是否符合要求，管路布置是否美观，气路密封性检查。

4. PLC软件通电检查

通电检查PLC软件与上位机通信是否正常。

5. 分析仪检查

检查分析仪表的最大流量，示值误差，重复性，响应时间，零点漂移，量程漂移，绝缘电阻等检验项目。

（二）烟气连续监测系统质量见证项目

烟气连续监测系统质量见证项目见表2-50。

表2-50 烟气连续监测系统质量见证项目表

序号	部件名称	检验/试验项目	检验标准	检验比例	见证方式 买方	见证方式 业主	备注
1	关键部件						
1.1	采样管线	外观检查	合同、技术协议	100%	R	R	
1.2	仪表控制箱	外观检查	合同、技术协议	100%	R	R	
1.3	配电箱	外观检查	合同、技术协议	100%	R	R	
1.4	电缆	外观检查	合同、技术协议	100%	R	R	
1.5	UPS	外观检查	合同、技术协议	100%	R	R	
1.6	参比气瓶	外观检查	合同、技术协议	100%	R	R	
1.7	空调	外观检查	合同、技术协议	100%	R	R	
1.8	集装式CEMS控制室	外观检查	合同、技术协议	100%	R	R	
2	设备性能测试						
2.1	采样装置	功能测试	合同、技术协议	100%	R	R	
2.2	系统颗粒物	功能测试	合同、技术协议	100%	W	R	
2.3	CO分析仪	功能测试	合同、技术协议	100%	W	R	
2.4	O_2分析仪	功能测试	合同、技术协议	100%	W	R	
2.5	SO_2分析仪	功能测试	合同、技术协议	100%	W	R	
2.6	NO分析仪	功能测试	合同、技术协议	100%	W	R	
2.7	数据采集系统	功能测试	合同、技术协议	100%	W	R	
2.8	通信接口	功能测试	合同、技术协议	100%	W	R	

续表

序号	部件名称	检验/试验项目	检验标准	检验比例	见证方式 买方	见证方式 业主	备注
2.9	系统接口	功能测试	合同、技术协议	100%	W	R	
2.10	PLC 功能	功能测试	合同、技术协议	100%	W	R	
3	发运前检查	包装形式、唛头、箱单、资料、技术协议符合度	合同、技术协议	100%	H	R	

十九、火焰监视系统

火焰检测设备是火力发电厂锅炉炉膛安全监控系统（FSSS）中的关键设备，它的作用贯穿于从锅炉启动至满负荷运行的全过程，用于判定全炉膛内或单元燃烧器火焰的建立/熄灭或有无火焰，当发生全炉膛灭火或单元燃烧器熄火时，火焰检测设备触点准确动作发出报警，依靠 FSSS 系统联锁功能，停止相应给粉机、磨煤机、燃油总阀或一次风机等的运行，防止炉膛内积聚燃料，异常情况被点燃引起锅炉爆炸恶性事故的发生，因此设备性能即设备运行的可靠性与检测的准确性直接关系到机组的运行安全与稳定。

（一）火焰监视系统监造要点

1. 外观检查

检查机柜钢板厚度、油漆颜色及完整性、漆膜厚度、尺寸。

2. 元器件安装检查

核对图纸及技术协议检查元器件品牌、型号规格是否满足要求。

3. 机柜内容检查

核对图纸检查配线正确性，以及线束捆扎是否美观，导线固定是否牢固；按钮或开关、端子排、部件标记；机柜内部是否清洁。

4. 电气检查

（1）通电前的检查，检查机柜门、机架接地，应齐全，接地电阻不大于 10Ω。

（2）通电检查，对于来自不同燃烧器火焰的识别是火焰检测的难点。由于相邻燃烧器火焰的频率和主火焰有时非常接近，要对频率信号进行频谱分析，从而提高识别能力。

（3）性能测试，根据技术协议要求，检查火检探头的灵敏性及风机的出口风压等。

（二）火焰监视系统质量见证项目

火焰监视系统质量见证项目见表 2-51。

表 2-51　　　　　　　　　　火焰监视系统质量见证项目表

序号	部件名称	检验/试验项目	检验标准	检验比例	见证方式 买方	见证方式 业主	备注
1	机柜	外观检查	技术协议	100%	W	R	
2	火焰检测系统	通电 72 小时拷机	技术协议	100%	W	R	
		信号输出功能测试	技术协议	100%	W	R	

续表

序号	部件名称	检验/试验项目	检验标准	检验比例	见证方式 买方	见证方式 业主	备注
2	火焰检测系统	硬件测试	技术协议	100%	W	R	
		电气自检功能测试	技术协议	100%	W	R	
3	冷却风机与电动机	振动测试	JB/T 8689	100%	W	R	
4	发运前检查	包装形式、唛头、箱单、资料、技术协议符合度	合同、技术协议	100%	H	R	

第四节　主要材料

一、液控蝶阀和电动蝶阀

液控蝶阀和电动蝶阀通常应用于火力发电厂循环水系统中，设置于循环水泵出口，用来避免和减少管路系统中介质的倒流和产生过大的水击，以保护管路系统。液控蝶阀靠液压驱动开启，通过重锤势能实现开闭功能。电动蝶阀通过电动执行器来控制蝶阀的启闭。

（一）液控蝶阀和电动蝶阀监造要点

1. 液控蝶阀

（1）原材料检查。

阀体、蝶板、阀轴、密封圈原材料材质证书、热处理记录进行审查，随炉试样化学成分和机械性能进行入厂复验。查看轴承品牌及合格证。

（2）阀门试验。

检查液压缸内漏量、外漏量、耐压试验、行程试验。

（3）油系统检查。

检查液压站、蓄能器工作运转情况，油站进行耐压试验。

2. 电控蝶阀

（1）原材料检查。

阀体、蝶板、阀轴、密封圈的原材料材质证书、热处理记录进行审查，随炉试样化学成分和机械性能进行入厂复验。查看轴承品牌及合格证。

（2）电动执行器检查。

检查电动执行器品牌是否正确，检验其行程满足设计要求。

（3）阀门性能检查。

电动蝶阀整体进行水压试验、气密试验及启闭试验，确保启闭时间满足技术协议。

（二）液控蝶阀和电动蝶阀质量见证项目

液控蝶阀和电动蝶阀质量见证项目见表2-52。

表 2-52　　　　　　　　液控蝶阀和电动蝶阀质量见证项目表

序号	部件名称	检验/试验项目	检验标准	检验比例	见证方式		备注
					买方	业主	
1	阀体	化学成分	GB/T 12229	100%	R	R	
		热处理	GB/T 12229 及热处理工艺	100%	R	R	
		力学性能	GB/T 12229	100%	R	R	
		外观及加工、对外连接尺寸检查	GB/T 12229 及技术图纸	100%	R	R	
		阀体压力试验	GB/T 13927 试验程序按照标准	20%	W	R	
2	蝶板、阀体密封圈、蝶板密封圈	化学成分	GB/T 12229	100%	R	R	
		热处理	GB/T 12229 及热处理工艺	100%	R	R	
		力学性能	GB/T 12229	100%	R	R	
		外观及加工尺寸检查	GB/T 12229 及技术图纸	100%	R	R	
3	阀轴	化学成分	GB 1220	100%	R	R	
		热处理	GB 1220	100%	R	R	
		力学性能	GB 1220	100%	R	R	
		外观及加工尺寸检查	GB 1220 及技术图纸	100%	R	R	
		机加后 UT（超声波检测）	探伤规程	100%	W	R	
4	液压系统	外观及连接尺寸	设计图纸	100%	R	R	液控蝶阀
		系统保压试验	JB/T 5299	20%	W	R	
		接力器压力试验	JB/T 5299	20%	W	R	
		接力器动作试验	JB/T 5299	20%	W	W	
5	轴承	合格证	规程和协议	100%	R	R	
6	电动执行器	品牌、合格证、原产地证明	规程和协议	100%	R	R	电动蝶阀
7	阀体、蝶板、轴、轴承座加工	尺寸	图纸	100%	R	R	
8	焊接密封环	工艺评定	标准及技术协议要求	100%	R	R	
		焊工资质	标准及技术协议要求	100%	R	R	
		焊缝检查	标准及技术协议要求	100%	R	R	

续表

序号	部件名称	检验/试验项目	检验标准	检验比例	见证方式 买方	见证方式 业主	备注
9	阀门装配	完整性和尺寸	图纸和装配规程及 GB 12238	100%	R	R	
10	阀门	装配后的密封性能（泄漏量）	试验规程	20%	H	H	
11	阀门	开关阀的准确性和可靠性（动作）	标准及技术协议要求	20%	H	H	
12	油漆	品牌、漆膜厚度、颜色	技术协议	10%	W	R	
13	发运前检查	包装、唛头、标识	技术协议与图纸	100%	W	R	

二、高温高压阀门

火力发电厂高温高压阀门通常应用于主汽、给水、旁路、再热蒸汽及其疏放水等高温高压管道中，通常有截止阀、闸阀、止回阀等几种型式，因其工作环境较为恶劣，阀门性能直接影响到整个系统的可靠性、安全性、工作效率和使用寿命，因此如何做好高温高压阀门的监检工作也成为整个高压系统稳定安全运行的重中之重。

（一）高温高压阀门监造要点

1. 原材料检查

阀体、阀芯原材料材质复核、原材料证书、热处理记录进行审查，随炉试样化学成分和机械性能进行入厂复验。

2. 执行器检查

配套执行器的功能性测试，重点检查执行器开关灵活，行程和启闭时间符合要求。

3. 阀门性能检查

阀门组装后的耐压试验和气密试验。

（二）高温高压阀门质量见证项目

高温高压阀门质量见证项目见表 2-53。

表 2-53　　　　　　　　　　高温高压阀门质量见证项目表

序号	部件名称	检验/试验项目	检验标准	检验比例	见证方式 买方	见证方式 业主	备注
1	阀体、阀盖、闸板、阀杆、阀座	化学成分分析	图纸、规范	每炉	R	R	
		无损检测	图纸、规范	100%	R	R	
		硬度检验	图纸、规范	100%	R	R	
		表面质量	图纸、规范	100%	R	R	
2	执行器	执行器功能检验	图纸、规范	100%	R	R	

续表

序号	部件名称	检验/试验项目	检验标准	检验比例	见证方式 买方	见证方式 业主	备注
3	阀门整机	压力试验（壳体、上密封、阀座密封）	图纸、规范	100%	W	R	
4	油漆	品牌、漆膜厚度、颜色	技术协议	100%	W	R	
5	发运前检查	包装形式、唛头、箱单、资料、技术协议符合度	合同、技术协议	100%	H	R	

三、钢结构

钢结构是以钢板、型钢、薄壁型钢制成的构件，通过焊接、铆接、螺栓连接等方式而组成的结构。火力发电厂中的锅炉钢架、汽轮发电机主厂房、除灰除尘脱硫车间等已广泛应用钢结构作为主要构筑物。

（一）钢结构监造要点

1. 图纸、工艺、标准确认

钢结构设计完成后检查钢结构的设计资料完备，施工前有图纸审核记录；工艺流程符合要求，图纸和生产工艺中使用的标准符合要求。

2. 钢结构原材料检查

（1）检查板材、型材、焊材等材质证明书及合格证，其化学成分、机械性能、金相、无损检测等报告应符合相关标准，另外对于国外进口钢材或钢材混批、板厚≥40mm、建筑结构安全等级为一级，大跨度钢结构中主要受力构件所采用的钢材，且设计有Z向性能要求的厚板、对质量有疑义的钢材，应进行抽样复验，其复验结果应符合现行国家产品标准和设计要求。

（2）检查高强螺栓试验报告及抗滑移系数报告应符合相关标准；并现场抽查部分高强度螺栓做相关实验并符合要求。

（3）检查材料入厂检验记录，材料厚度、直径等尺寸测量记录应与图纸相符；材料表面质量应符合相关标准并有检查记录；材料复检报告应符合相关标准。

（4）检查生产厂家材料标识、移植情况，材料到厂后的标识、移植记录符合要求。

3. 焊接、热处理、无损检测检查

（1）焊缝高度应符合图纸要求；焊缝外观应无夹渣、焊瘤等。

（2）钢板 $\delta \geq 32$mm 焊缝应做热处理，并提供报告及曲线图，且符合相关材质热处理要求。

（3）无损检测检查：①对接焊缝钢板 $\delta \geq 8$mm 应做 UT（超声波检测）并提供报告；钢板 $\delta < 8$mm 应做 MT（磁粉检测）并提供报告。②角焊缝钢板 $\delta \geq 25$mm 应做 MT（磁粉检测）并提供报告。

4. 试组装检查

（1）部件尺寸应符合图纸、标准偏差要求；部件表面打磨、清理符合相关标准要求。

（2）试组装尺寸应符合图纸、标准偏差要求，应无变形。

5.喷涂、镀锌检查

（1）部件油漆前表面除锈等级应达到 Sa2.5 级。

（2）表面油漆或镀锌厚度应符合技术协议、相关标准要求。

（3）油漆或镀锌附着力应符合相关标准要求。

（二）钢结构质量见证项目

钢结构质量见证项目见表 2-54。

表 2-54 钢结构质量见证项目表

序号	部件名称	检验/试验项目	检验标准	检验比例	见证方式		备注
					买方	业主	
1	板材、型材、焊材等	材质证明书及合格证检查	图纸、技术协议、标准	100%	R	R	
2	高强螺栓	试验报告及抗滑移系数报告检查	技术协议、标准	100%	W	R	
3	板材、型材	材料标识、移植检查	标准	100%	R	R	
4	钢结构主体	下料、破口加工、弯曲检查	图纸、标准	100%	R	R	
		制孔检查	图纸、标准	100%	R	R	
		焊条及保管检查	图纸、标准	100%	R	R	
		焊前清洁	标准	100%	R	R	
		焊缝外观检查	标准	100%	R	R	
		钢板 $\delta \geq 32mm$ 焊缝热处理报告及曲线图检查	图纸、技术协议、标准	100%	R	R	
		对接焊缝，钢板 $\delta \geq 8mm$ UT（超声波检测）报告及 $\delta<8mm$ MT（磁粉检测）报告检查	图纸、技术协议、标准	100%	R	R	
		角焊缝，钢板 $\delta \geq 25mm$ MT（磁粉检测）报告检查	图纸、技术协议、标准	100%	R	R	
		部件尺寸、外观检查	图纸、标准	10%	W	R	
5	钢构整体	试组装检查	图纸	100%	H	W	
6	喷涂、镀锌检查	除锈检查	技术协议、标准	100%	W	R	
		油漆或镀锌厚度检查	技术协议、标准	100%	W	R	
		油漆或镀锌附着力检查	技术协议、标准	100%	W	R	
7	发运前检查	包装形式、唛头、箱单、资料、技术协议符合度	合同、技术协议	100%	H	R	

四、四大管道

火力发电厂四大管道主要包括：主蒸汽管道、再热热段蒸汽管道、再热冷段蒸汽管道、高压旁路管道、低压旁路管道、高压给水管道、给水再循环管道以及高旁减温水管道，简称四大管道。

（一）四大管道和高压管件监造要点

1. 四大管道

（1）原材料检查。

审查四大管道原材料订货的技术合同；见证和审查管道原材料材质保证书、质量保证书、报关单及商检报告、原产地证明等资料（如为进口件）。

（2）管道外观检查。

所有原材料应对标识、外观、几何尺寸、壁厚、硬度、无损探伤、化学成分与机械性能、非金属夹杂进行检验或试验等试验报告的审查；管道原材料的外观形貌特征的检查和甄别，在制造厂对到货的管道原材料的外观进行认真检查，特别要记录其外表特征和制造商的标记，依据质量保证书确认管道原材制造商符合产品订货合同及技术协议要求。

（3）光谱、硬度、金相复查。

所有合金钢管道进行光谱复查100%；每件原材料100%进行外观质量、硬度检验；对于合金钢材料，每种规格、炉批号至少抽一件进行金相检验。

2. 高压管件

（1）原材料检查。

管件原材料的文件检查确认：审查四大管道管件的原材料订货的技术合同；见证和审查管件原材料材质保证书、管件质量保证书、报关单及商检报告（如为进口件）。所有原材料应对标识、外观、几何尺寸、壁厚、硬度、无损探伤、化学成分与机械性能、非金属夹杂进行检验或试验。另外，还应进行如下检验：

1）合金钢管还应进行光谱检验和金相分析。

2）每件原材料100%进行外观质量、硬度检验。

3）对于合金钢材料，每种规格、炉批号至少抽一件进行金相检验。

（2）热处理、无损探伤检查。

管件制作完成后应检查相应的热处理报告；对照图纸要求审查无损探伤报告，并进行必要的复检。

（二）四大管道和配管质量见证项目

四大管道和配管质量见证项目见表 2-55 和表 2-56。

表 2-55 四大管道质量见证项目表

序号	部件名称	检验/试验项目	检验标准	检验比例	见证方式 买方	见证方式 业主	备注
1	四大管道	原材料出厂质量证明书	技术协议	100%	R	R	
		原材料进厂复检报告	技术协议	100%	R	R	
		管径、壁厚、椭圆度检查	技术协议	100%	W	W	
		外观标识	技术协议	100%	W	R	

序号	部件名称	检验/试验项目	检验标准	检验比例	见证方式 买方	见证方式 业主	备注
2	管件（弯头、三通、大小头、接管座、支吊架卡块）	原材料出厂质量证明书	技术协议	100%	R	R	
		原材料进厂复检报告	技术协议	100%	R	R	
		管径、壁厚、椭圆度、尺寸检查	技术协议	100%	W	W	
3	配管	焊接工艺评定	技术协议	100%	R	R	
		焊材质量证明书	技术协议	100%	R	R	
		焊工资格证书检查	技术协议	100%	R	R	
		主管配制尺寸、接管座/支吊架卡块焊接位置检查	技术协议	20%	W	R	抽查
		主配管的热工、性能试验、蠕胀、流量测点位置检查	技术协议	10%	W	R	抽查
		焊缝坡口型式检查	技术协议	10%	W	R	抽查
		焊缝外观质量检查	技术协议	10%	W	R	抽查
		焊缝无损检测报告	技术协议	100%	R	R	
		焊缝热处理报告	技术协议	100%	R	R	
		焊缝返修及无损检测记录	技术协议	100%	R	R	
4	油漆	品牌、漆膜厚度、颜色	技术协议	10%	W	R	
5	发运前检查	包装形式、唛头、箱单、资料、技术协议符合度	合同、技术协议	100%	H	R	

表 2-56 　　　　　　　　　　　**管件质量见证项目表**

序号	部件名称	检验/试验项目	检验标准	检验比例	见证方式 买方	见证方式 业主	备注
1	管材、锻件	原材料出厂质量证明书	技术协议	100%	R	R	
		原材料进厂复检报告	技术协议	100%	R	R	
		管径、壁厚、椭圆度、尺寸检查	技术协议	100%	W	W	
2	焊制管件	焊材质量证明书	技术协议	100%	R	R	
		焊缝坡口检查	技术协议	10%	W	R	
		焊前坡口表面质量	技术协议	10%	W	R	
		焊前预热检查	技术协议	10%	W	R	

续表

序号	部件名称	检验 / 试验项目	检验标准	检验比例	见证方式		备注
					买方	业主	
2	焊制管件	焊条、焊剂、烘干、保温情况、焊丝清理情况检查	技术协议	10%	W	R	
		焊接工艺评定	技术协议	100%	W	R	
		焊缝外观质量检查	技术协议	100%	W	R	
		焊缝无损检测报告	技术协议	100%	R	R	
		焊缝热处理报告	技术协议	100%	R	R	
		焊缝返修及无损检测记录	技术协议	100%	R	R	
3	所有管件	金相组织、硬度的检查	技术协议	100%	W	R	
		无损探伤过程检查和结果的审查	技术协议	100%	W	R	
4	油漆	品牌、漆膜厚度、颜色	技术协议	10%	W	R	
5	发运前检查	包装形式、唛头、箱单、资料、技术协议符合度	合同、技术协议	100%	H	R	

五、支吊架

管道支吊架是用以承受管道载荷、控制管道位移和振动，并将管道载荷传递到承载建筑结构上的各种组件或装置。弹簧支吊架、恒力吊架一般应用于管道膨胀位移和振动比较大的管道中，其质量性能直接影响管道系统的安全运行，因此作为质量控制的重点工作。

（一）支吊架监造要点

1. 原材料复核

弹簧减振器及液压阻尼器相应的性能试验报告。合金钢部件除了做好质保书审查外，还应进行必要的光谱复查。

2. 支吊架的相关试验

恒力弹簧应做载荷偏差度试验及 2 倍工作载荷试验，载荷偏差度偏差不应大于 ±6%，2 倍工作载荷试验时观察各部件不得有异常。变力弹簧应做整定试验及 2 倍工作载荷试验，整定试验偏差不应大于 ±5%，2 倍工作载荷试验时观察各部件不得有异常。

（二）钢结构质量见证项目

钢结构质量见证项目见表 2-57。

表 2-57　　　　　　　　　钢结构质量见证项目表

序号	部件名称	检验 / 试验项目	检验标准	检验比例	见证方式		备注
					买方	业主	
1	板材、型材、焊材等	材质证明书及合格证检查	图纸、技术协议、标准	100%	R	R	
		合金钢的光谱复查	技术协议、标准	100%	W	R	

序号	部件名称	检验/试验项目	检验标准	检验比例	见证方式 买方	见证方式 业主	备注
2	外购件	锻件（螺纹吊杆、花篮螺母、环形耳子、U形耳子等）原材料报告及实验报告检查	图纸、技术协议、标准	100%	R	R	
		弹簧质量证明书、合格证及复检报告检查	图纸、技术协议、标准	100%	R	R	
		弹簧减震器或液压阻尼器试验报告及合格证检查	图纸、技术协议、标准	100%	R	R	
		标准件（螺栓、螺母等）检查	图纸、技术协议、标准	100%	R	R	
		材料入厂检验记录检查	图纸、技术协议、标准	100%	R	R	
3	管部及根部	承载焊缝MT（磁粉检测）、UT（超声波检测）报告检查	标准	100%	R	R	
		热处理报告及曲线图检查	标准	100%	R	R	
		管夹内径、臂距检查	图纸、技术协议、标准	100%	W	R	
		合金钢管夹的硬度报告检查	技术协议、标准	100%	R	R	
4	功能部件	恒力弹簧载荷偏差度试验及2倍工作载荷试验检查	技术协议、标准	5%	W	R	
		变力弹簧应做整定试验及2倍工作载荷试验检查	技术协议、标准	5%	W	R	
		液压阻尼器性能试验检查	技术协议、标准	5%	W	R	
		铭牌、"冷""热"态位置或"0"位置标识检查	技术协议、标准	100%	W	R	
5	整体	部件尺寸、外观检查	图纸	100%	R	R	
		试组装检查	图纸	10%	W	R	
6	油漆	品牌、漆膜厚度、颜色	技术协议	100%	W	R	
7	发运前检查	包装形式、唛头、箱单、资料、技术协议符合度	合同、技术协议	100%	H	R	

六、电缆

电缆通常是由几根或几组导线（每组至少两根）绞合而成的类似绳索的电缆，每组导线之间相互绝缘，并常围绕着一根中心扭成，整个外面包有高度绝缘的覆盖层。电缆具有内通电、外绝缘的特征。

电缆有电力电缆、控制电缆、补偿电缆、屏蔽电缆、高温电缆、计算机电缆、信号电缆、耐火电缆等，它们都是由单股或多股导线和绝缘层组成，用来连接电路、电器等。

（一）电缆监造要点

1. 原材料检验

重点检查铜材、塑料或橡胶绝缘材料等的原材料检验报告。

2. 过程检验

束绞工序进行结构外观及电阻检查，绝缘工序进行绝缘厚度检查，成缆工序进行成缆节经外观检查，编织屏蔽，铠装厚度检查，护套厚度检查等。

3. 成品出厂试验

电厂出厂主要查验导体电阻、耐压试验、结构尺寸及外观检查、电缆长度抽查等，如有要求需对电缆阻燃等型式试验报告进行复核。

（二）电缆质量见证项目

电缆质量见证项目见表 2-58。

表 2-58　　　　　　　　　　　电缆质量见证项目表

序号	部件名称	检验/试验项目	检验标准	检验比例	见证方式 买方	见证方式 业主	备注
1	原材料检验	铜、塑料、橡胶等材料的检验报告	GB/T 9330	抽样	R	R	
2			过程试验				
2.1	束绞工序	结构、外观及电阻	GB/T 9330	每种规格抽样	W	R	
2.2	绝缘工序	绝缘厚度	GB/T 9330	每种规格抽样	W	R	
2.3	成缆、绕包屏蔽	成缆节距、屏蔽厚度及外观	GB/T 9330	每种规格抽样	W	R	
2.4	编织屏蔽	编织密度	GB/T 9330	每种规格抽样	W	R	
2.5	铠装	钢带厚度或钢丝缠绕密度	GB/T 9330	每种规格抽样	W	R	
2.6	护套	护套厚度	GB/T 9330	每种规格抽样	W	R	
3	出厂试验	导体电阻检测	GB/T 9330	每种规格抽样	H	R	
		耐压试验	GB/T 9330	每种规格抽样	H	R	

续表

序号	部件名称	检验 / 试验项目	检验标准	检验比例	见证方式 买方	见证方式 业主	备注
3	出厂试验	结构尺寸及外观	GB/T 9330	每种规格抽样	H	R	
		电缆长度	GB/T 9330	每种规格抽样	H	R	
		低烟阻燃 / 燃烧试验报告	GB/T 9330	每种规格	R	R	
4	发运前检查	包装形式、唛头、箱单、资料、技术协议符合度	合同、技术协议	100%	H	R	

七、电缆桥架

电缆桥架是由直线段、弯通、附件以及支吊架等构成的用于支承电缆的具有连续的刚性结构系统的总称，分为槽式、托盘式和梯架式、网格式等结构形势。电站项目的电缆桥架一般为钢制电缆桥架，附设在各种建（构）筑物和管廊支架上，具有结构简单、造型美观、配置灵活和维修方便等特点。钢制电缆桥架全部零件均需进行镀锌处理，根据设计要求露天及上层的桥架需加设盖板。对于有特殊要求的区域，电缆桥架也可选用铝合金或玻璃钢等材质的产品。

（一）电缆桥架监造要点

1. 原材料检验

钢制电缆桥架采用的原材料为冷轧钢板，需根据合同要求审核钢板的材质证明。

2. 尺寸外观检查

检查桥架本身应平整，无扭曲变形，内壁应光滑、无毛刺，焊缝表面应均匀，不得有漏焊、裂纹、烧穿等缺陷；抽样检查桥架的钢板厚度，桥架的长度、宽度应符合订货合同要求；检查连接螺栓孔与连接板的匹配性。

3. 镀锌检查

热镀锌的电缆桥架镀层表面应均匀，无过烧、挂灰、局部未镀锌等缺陷，静电喷锌应平整、光滑、均匀、不起皮，无气泡、水泡等缺陷。应重点测试锌膜厚度及锌膜附着力，确保满足标准要求。

（二）电缆桥架质量见证项目

电缆桥架质量见证项目见表 2-59。

表 2-59 电缆桥架质量见证项目表

序号	部件名称	检验 / 试验项目	检验标准	检验比例	见证方式 买方	见证方式 业主	备注
1	原材料检验	钢板材料的材质报告	图纸、技术协议及相关标准	100%	R	R	

续表

序号	部件名称	检验／试验项目	检验标准	检验比例	见证方式		备注
					买方	业主	
2	尺寸外观检验	桥架外观检查	CECS 31：91	每种规格抽样	W	R	
		焊接质量检查	CECS 31：91	每种规格抽样	W	R	
		桥架主要尺寸测量	CECS 31：91	每种规格抽样	W	R	
3	镀锌检查	镀锌厚度检查	GB/T 1764	每种规格抽样	W	R	
		镀锌附着力测试	标准	每种规格抽样	W	R	
		锌膜外观检查	CECS 31：91	每种规格抽样	W	R	
4	接地检查	电缆桥架表面应有良好接地	CECS 31：91	每种规格抽样	W	R	适用于非金属桥架
5	发运前检查	包装形式、唛头、箱单、资料、技术协议符合度	合同、技术协议	100%	H	R	

第三章 ▶ 电力设备包装管控

设备包装是指在运输过程中为了保护物资、方便储运，采用容器、材料及辅助物等按一定技术方法等操作活动。在国际 EPC 项目中，设备材料包装后，能防止运输中碰撞、挤压、散失以及盗窃等损失，可给流通环节储存、运输、调配带来方便，保护了物资免受日晒、风吹、雨淋、灰尘沾染等自然因素的侵袭，更好地实现物资运输和存储。

第一节　包装整体要求

根据外贸运输方式复杂（包括海、陆、空运输）、装卸次数多、运输距离远、运输周期长的特点和设备/材料本身的防护特点，对包装的合理设计、合理用料、精心制作，保证设备/材料在整个运输过程中装卸、堆码、储存作业的方便和安全。

运输包装设计须使包装的货物具备一定的堆码能力，高度在 2m 以上的货物，保证安全堆码两件同类货物；高度在 2m 以下的货物保证安全堆码 4~5 件同类货物。木箱、铁箱、框架顶部应采用平顶形式。

各种方式的包装均须根据货物的长度、重量和重心情况合理设计起吊位置，并标明起吊点。单件重量在 10t 以下的设备，包装物底部必须留有铲孔，以适应不同方式的装卸作业。木箱、托盘的起吊位置及上部适当位置须根据货物的重量加装相应规格的护角铁板，以增加强度。

国家对出口电站物资包装的有关规定，包括但不限于：

GB/T 191《包装储运图示标志》。

GB/T 247《钢板和钢带包装、标志及质量证明书的一般规定》。

GB/T 325.1《包装容器　钢桶　第 1 部分：通用技术要求》。

GB/T 2101《型钢验收、包装、标志及质量证明书的一般规定》。

GB/T 2102《钢管的验收、包装、标志和质量证明书》。

GB/T 4857《包装　运输包装件基本试验》。

JB/T 5000《重型机械通用技术条件》。

GB/T 8168《包装用缓冲材料静态压缩试验方法》。

GB/T 8169《包装用缓冲材料振动传递特性试验方法》。

GB/T 13384《机电产品包装通用技术条件》。

GB/T 15233《包装　单元货物尺寸》。

JB/T 4711《压力容器涂敷与运输包装》。

JB/T 5908《电除尘器　主要件抽样检验及包装运输贮存规范》。

NB/T 47055《锅炉涂装和包装通用技术条件》。

第二节 包装方式及常见问题

一般国际 EPC 项目的包装主要有木箱、铁箱、框架、捆装、裸装、盘装、桶装、托盘等几种常见的包装方式。根据电站物资本身的防护特点，不同的包装方式简要介绍如下：

一、木箱包装

木箱包装是一种用木材或木质混合材料制成的直方体包装容器。主要适用于小型容器类、装置架类、油站、仪表盘和控制柜、仪表类、轻型填料类、阀门类、小口径管道以及其他易散落丢失的物资。

（一）木箱包装的基本要求

（1）采用压边接缝或槽接缝全封闭式木箱，包装箱用材为松木或同类材料，不得使用纤维板、竹皮板等其他材料。

（2）箱板厚度、箱内框架用料及结构，箱体内部支撑牢固（须加适当强度的横竖支撑）应根据设备的特性和重量设计（箱板厚度不得低于 12mm）。

（3）箱体起吊位置及上部适当位置，须根据货物的重量加装相应规格的护角铁板，以增加强度。

（4）箱内设备应排列整齐紧凑、稳妥牢固，不得窜动，必要时应将设备固定于箱内、防止设备发生移位或窜动；设备与设备之间需进行衬垫。设备装箱时尽量使其重心位置居中靠下，重心偏高的设备尽可能采用卧式包装，重心偏离中心较明显的设备须采取相应的平衡措施。包装箱充满度不得低于 90%。

（5）箱体底部须有垫木、铲孔，以适应不同方式的装卸作业；超过 5t 木箱用槽钢或者角钢框架进行防护。角钢型号至少在 ∠ 80mm × 80mm × 10mm 以上。

（6）为防止物资在装卸、转运过程中丢失，单件包装箱件的最小尺寸不得小于 1000mm × 1000mm × 800mm。

（二）规范包装图示例

（1）起吊点、顶梁及起吊位置加装包角防护见图 3-1、图 3-2。

图 3-1　起吊点、顶梁加装包角防护　　图 3-2　起吊位置加装包角防护

（2）外部角钢框架防护见图 3-3、图 3-4。

图 3-3　外部角钢框架防护一

图 3-4　外部角钢框架防护二

（3）木箱框架结构见图 3-5、图 3-6。

图 3-5　木质框架

图 3-6　木质框架支撑

（4）木箱内部竖撑、斜撑支撑见图 3-7、图 3-8。

图 3-7　竖撑、斜撑支撑

图 3-8　内侧斜撑、竖撑支撑

（三）木箱包装常见问题

（1）木箱托底：由于设备重量相对过重，木箱承受力严重不足，导致木箱托底，见图 3-9、图 3-10。

图 3-9　设备过重，木箱托底一

图 3-10　设备过重，木箱托底二

（2）木箱未全部封闭：对口接缝或榫槽接缝未全封闭，见图 3-11、图 3-12。

图 3-11　木箱未密封

图 3-12　接缝未密封

（3）外部未进行包角防护，装卸导致木箱受损，见图 3-13、图 3-14。

图 3-13　起吊处未包角防护

图 3-14　木箱上部未包角防护

（4）木箱木板太薄，导致木箱损坏，见图3-15、图3-16。

图3-15　木板太薄一　　　　　　　　　　图3-16　木板太薄二

（5）木箱内部固定不牢，导致设备相互碰撞或破箱而出，见图3-17、图3-18。

图3-17　内部未固定一　　　　　　　　　图3-18　内部未固定二

（6）超过5t的木箱外部未增加框架防护，导致包装破损，见图3-19、图3-20。

图3-19　木箱外部未增加框架防护一　　　图3-20　木箱外部未增加框架防护二

二、铁箱包装

铁箱是用钢板、槽钢、角钢混合材料制成的铁质直方体包装容器。主要适用汽轮机高、中、低压转子，发电机定子附件、转子等精密设备，钢结构类的连接件和紧固件，吊车吊钩、钢丝绳和电动机、单件长度在 2m 以下的吊车梁或轨道，阀门类等较重、易散、易丢失的设备材料。

（一）铁箱包装要求

（1）铁箱框架长梁、顶部、底部横梁、底部必须采用不小于 8 号工字钢或槽钢制作，槽钢制作铁箱底座时必须采用双拼槽钢方式，工字钢必须设置加强板。底座长度方向槽钢的中心间隔应不大于 800mm，超过规定的间隔时，中间要增加相同型号的槽钢或工字钢。

（2）箱内设备应排列整齐紧凑、稳妥牢固，不得窜动，必要时应将设备固定于箱底横撑上，防止设备发生移位或窜动。

（3）铁箱的 4 个侧面每米设一道槽钢支撑，并用至少为 ∠ 50mm×5mm 角钢对角加固。

（4）框架外表面涂漆前应清除毛刺、氧化皮、锈迹、焊渣、油污等影响涂漆质量的异物，保证表面平整、清洁。

（5）铁箱底部、侧面、端面、顶面采用厚度至少 2mm 钢板封闭，钢板在使用时必须整平。钢板采取满焊或间断焊的方式固定到槽钢框架上，采用间断焊时，所留下的缝隙必须采取密封措施。箱子底座必须设计叉孔，需满足叉车四向进叉装卸的要求，叉孔距地面高度不得小于 75mm。

（6）铁箱顶盖应当单独制作，铁箱盖板必须采用厚度至少 2mm 的整块铁板制作，如需拼接，两块钢板必须对接满焊，拼接完毕箱板必须平整，焊缝无漏焊。为保证铁箱的密封性，必须满焊或者铁箱盖板与顶部槽钢间衬垫橡胶垫等密封材料，密封材料必须将顶部槽钢周长全部覆盖。

（7）铁箱顶部横梁固定在顶盖上部，横梁间距不得大于 600mm，采用螺栓连接方式固定到铁箱顶部槽钢上。横梁应按垂直于铁箱长度方向布置。

（8）铁箱根据需要在侧面立柱或底座上设计 4 个吊耳，满焊焊接，保证吊耳有足够强度。

（9）铁箱主体框架制作全部采用满焊，焊缝高度不小于母材的厚度。焊接质量要求应符合国家有关标准。

（10）全部材料使用前，均应进行预处理（除锈、防腐）。

（11）多件设备之间做好衬垫，避免运输途中相互碰撞导致损坏，同时包装箱充满度不得低于 90%。

（二）规范包装图示例

（1）箱体主体框架制作全部采用满焊方式，箱体稳固，侧面支撑牢固，见图 3-21、图 3-22。

图 3-21 焊接合格，侧面支撑牢固

图 3-22 侧面支撑牢固

（2）铁箱内部、外部固定支撑牢固见图 3-23、图 3-24。

图 3-23 内部固定牢固

图 3-24 铁箱外部竖支撑牢固

（三）铁箱包装常见问题

（1）铁皮破损：由于铁皮太薄，导致划破破损，见图 3-25、图 3-26。

图 3-25 铁皮太薄一

图 3-26 铁皮太薄二

（2）铁箱生锈：包装材料未防腐导致铁箱生锈，锈蚀污染设备，见图 3-27、图 3-28。

图 3-27　未防腐一　　　　　　　　　　　　　　　图 3-28　未防腐二

（3）铁箱破损：主要框架角钢支撑力不足，导致破损，见图 3-29、图 3-30。

图 3-29　支撑力不足一　　　　　　　　　　　　　图 3-30　支撑力不足二

（4）设备内部晃动：内部未固定，导致晃动油漆破损，见图 3-31、图 3-32。

图 3-31　内部未牢靠固定一　　　　　　　　　　　图 3-32　内部未牢靠固定二

三、框架包装

框架包装是由槽钢、工字钢材料连接而成的能承受垂直和水平荷载的空间结构。锅炉联箱、水冷壁、蛇型管、下水连接管、顶部连接管等部件，锅炉、厂房、输变电铁塔等小型钢结构，单件长度超过 2m 的吊车梁或轨道及桥架，除尘器、空气预热器、钢管道、衬塑和衬胶类管道等设备适合框架包装。

（一）框架包装要求

（1）框架长梁、顶部、底部横梁、底部必须采用不小于 10 号工字钢或槽钢制作。底座长度方向槽钢的中心间隔应不大于 800mm，超过规定的间隔时，中间要增加相同型号的槽钢或工字钢。

（2）主体框架制作全部采用满焊，焊缝高度不小于母材的厚度，焊接质量要求应符合国家有关标准。框架 4 个侧面每米设一道槽钢支撑（支撑不得少于 3 道），根据内装部件情况增加辅助支撑数量。支撑间应采用槽钢或∠ 50mm×5mm 以上的角钢设置斜撑；框架侧面立柱直角处需焊接加强板，以确保框架稳定性。

（3）装箱保证各部件不得露出框架外，以免碰撞、损坏设备。内部固定措施安全可靠，箱内设备应排列整齐紧凑、稳妥牢固，不得窜动，必要时应将设备固定于箱底横撑上，防止设备发生移位或窜动；适合捆扎的型材及简易结构件应采用 40mm×4mm 扁铁、钢丝绳捆扎放置框架内，每道包装带间隔不得超过 1m 且不少于两道。所有接触部位之间衬毛毡或橡胶，在包装时应避免工件间的磕碰、玷污。如框架内装有管道或容易滑出的设备，框架的两端必须用不少于 3mm 钢板封堵，框架必须做好相应措施，防止设备滑出。

（4）框架底部两端采用厚度至少 2mm 钢板封闭，钢板在使用时必须整平。箱子底座必须设计叉孔，需满足叉车装卸的要求。

（5）框架根据需要可在侧面立柱设计 4 个吊耳，满焊焊接，保证吊耳有足够强度，吊点设计必须符合国家有关标准。

（6）全部材料使用前，均应进行预处理（除锈、防腐）。

（7）各部件之间必须有衬垫物，以免运输途中部件直接接触产生摩擦，减薄产品的局部厚度，同时包装箱充满度不得低于 90%。

（二）规范包装图示例

（1）框架主体用槽钢制作，设备直接接触处用实木衬垫，见图 3-33、图 3-34。

图 3-33　槽钢框架，支撑牢固　　　　图 3-34　设备直接接触处用实木衬垫

（2）槽钢框架两端应进行焊接防护，框架下方设计吊耳，见图 3-35、图 3-36。

图 3-35　框架两端封闭

图 3-36　支撑稳固，吊耳设置合理

（3）槽钢框架内部衬有防雨布，见图 3-37、图 3-38。

图 3-37　槽钢框架，内衬防雨布一

图 3-38　槽钢框架，内衬防雨布二

（三）框架包装常见问题

（1）框架内设备无固定或固定不牢，导致框架松动，见图 3-39、图 3-40。

图 3-39　内部固定不牢一

图 3-40　内部固定不牢二

（2）框架支撑强度不够，导致损坏，见图3-41、图3-42。

图3-41 支撑强度不够变形一　　　　　　图3-42 支撑强度不够变形二

（3）框架内设备规格型号不统一，内填充不足，空容度大，见图3-43、图3-44。

图3-43 规格型号不统一，空容度大　　　图3-44 内填充不足，空容度大

（4）采用框架尺寸不合适，设备突出框架外，导致设备受损，见图3-45、图3-46。

图3-45 尺寸不合适，设备突出框架外一　　图3-46 尺寸不合适，设备突出框架外二

四、捆装包装

捆装包装是由足够强度的槽钢材料根据构件长度隔段捆扎而成的结构。适用锅炉、汽轮机厂房、输煤栈桥等中型钢结构、刚性梁、管道等设备材料的包装。

（一）捆装包装要求

（1）单个捆装构架底部及两侧采用不小于 8 号槽钢的焊接组成 U 形结构，侧面槽钢上部焊接螺杆，顶部采用不小于 8 号槽钢覆盖并用螺母拧紧以压紧内部钢结构，螺母拧紧后进行点焊，防止松动。槽钢的腰部与钢结构接触，腿部朝外。中间两个用来起吊的构架两边必须各用 1 根槽钢焊接固定，形成 1 个稳定的框架结构。构架一般固定在长度方向按照 1/3 或 1/4 点间距布置。

（2）捆装构架设计应尽可能使用整块材料，尽量避免对接，如需对接必须全部满焊，焊接高度不得小于母材厚度，焊接质量要求应符合国家有关标准。

（3）捆扎道数要求：长度 3m（包括 3m）以下捆扎 2 道；3~5m（包括 5m）捆扎 3 道；5m 以上的货物至少捆扎 5 道。

（4）必要时捆扎构件两头需要进行封堵，两个捆装材料之间增加槽钢连接。

（5）全部材料使用前，均应预处理（除锈、防腐）。

（6）捆装构件之间以及构件与捆装材料之间，须加衬胶皮或麻袋等衬垫物。以免运输途中部件直接接触产生摩擦，减薄产品的局部厚度。

（二）规范包装图示例

（1）材料与设备接触处有衬垫防护，见图 3–47、图 3–78。

图 3–47　材料与设备接触处有衬垫防护一

图 3–48　材料与设备接触处有衬垫防护二

（2）槽钢架杆捆扎固定牢固、两端封堵良好，见图 3–49、图 3–50。

图 3–49　两端封闭防护一

图 3–50　两端封闭防护二

（3）两端进行封堵，吊耳设计合理，见图 3-51、图 3-52。

图 3-51 两端封堵防护

图 3-52 合理设置吊耳

（三）捆装常见问题

（1）设备和材料接触处未衬垫防护，导致油漆破损，见图 3-53。

（2）捆装材料之间未用槽钢连接，包装材料滑动，导致包装散包，见图 3-54。

图 3-53 包装材料与设备连接处未防护

图 3-54 捆装材料之间未用槽钢将连接，包装材料滑动

（3）采用螺栓固定架杆，未进行点焊，导致散包，见图 3-55。

（4）选择包装方式错误，小件不适合捆装，见图 3-56。

图 3-55 采用螺栓固定架杆，未进行点焊

图 3-56 小件不适合捆扎包装，捆扎材料强度不够

五、裸装包装

裸装包装是将物资稍加捆扎或以自身进行捆扎的包装。适用于大型钢结构、大型罐体、压力容器、锅炉大部件设备等。

（一）包装要求

（1）设备必须安置到钢制或木质底座上，设备与底座必须连接牢固，如底部设计为槽钢或工字钢则必须用加强板加固，以防止变形。设备与底座之间必须衬垫橡胶垫，防止划伤设备表面油漆。

（2）钢制底座包装内、外部整体应涂漆防锈，表面涂漆前应进行喷砂处理，清除毛刺、氧化皮、锈迹、焊渣、油污等。

（3）设备上不得存在任何易损易碎部件和电气、机械类仪器仪表、测量装置、电子仪器、电机等部件及人为可以直接取走的各种零部件，此类设备应全部拆卸装箱发运；对于无法拆卸的部件必须做好局部防护（防撞、防雨防护）。对于设备油漆全部在工厂内做完和需要进行防污染保护的设备，设备整体应当采用防雨布包裹密封，塑料布外部采用防护网拉紧固定。

（4）设备上的螺丝孔和螺纹部位等需防锈的部件必须涂防锈油脂防护；如设备上存在加工的光滑结合面必须涂油脂防锈并加防护罩保护。设备如存在膨胀节或其他凸出及易损部件时，应当设置局部防护措施，必要时设备上的法兰接合面必须加金属法兰盖或木板封堵进行保护，法兰盖或木板下必须衬垫垫圈，并用不少于 4 套螺栓拧紧。

（5）包装完后，设备两端最低处距地高度不得小于 15cm。

（6）全部材料使用前均应进行预处理（除锈、防腐）。

（二）规范包装图示例

外部防雨布防护，起吊点处已防护见图 3-57、图 3-58。

图 3-57　外部防雨布防护，起吊点处已防护一　　图 3-58　外部防雨布防护，起吊点处已防护二

（三）裸装常见问题

（1）电机等部件未进行局部防护，见图 3-59、图 3-60。

图 3-59　未进行局部防护一

图 3-60　未进行局部防护二

（2）底座支撑不牢固，导致设备损坏，见图 3-61、图 3-62。

图 3-61　底座支撑不牢固一

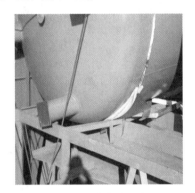

图 3-62　底座支撑不牢固二

六、盘装包装

盘装包装主要适用于电线、电缆等材料包装。

（一）盘装包装要求

（1）采用钢木结构的包装盘。

（2）电缆部分应做防水和防潮保护。

（3）外部木板必须使用实木熏蒸木板。

（二）规范包装图示例

采用钢木结构的包装盘，外部木板必须使用实木熏蒸木板，见图 3-63、图 3-64。

图 3-63　采用钢木结构的包装盘

图 3-64　外部熏蒸木板防护

（三）盘装常见问题

外部防护模板断裂，见图 3-65、图 3-66。

图 3-65　木板断裂一

图 3-66　木板断裂二

七、托盘包装

托盘包装用于集装、堆放、搬运和运输的放置，作为单元负荷货物和制品的水平平台装置。适用于同规格尺寸的小型箱装物资。

（一）托盘包装要求

（1）组合包装后的托盘质量一般为 2~3t，所载物资的重心高度，不应超过托盘宽度的 2/3。

（2）托盘的承载表面积利用率一般不低于 80%。

（3）根据物资的类型、托盘所载物资的质量和托盘的尺寸，合理确定物资在托盘上的码放方式。

（4）托盘承载物资应固定牢固。

（二）规范包装图示例

承载物固定牢固见图 3-67。

图 3-67　承载物固定牢固

（三）托盘包装常见问题

设备材料包装方式不适合托盘包装，见图 3-68。

图 3-68 不适合托盘包装

八、桶装包装

桶装包装是用于存放流体、粉状颗粒物的容器。主要适用于变压器油、油漆、汽轮机油等流体、粉状颗粒物、球状物等。

（一）桶装包装要求

（1）桶体材质符合国家相关规定。

（2）桶体表面须有防锈包装涂料。

（3）桶内填充度不低于 90%。

（二）规范包装图示例

桶装外部防腐见图 3-69。

图 3-69 桶装外部防腐

第三节 防护要求及常见问题

一、防护要求

设备出口包装除包装要求外，还应根据物资的特性做好包装防护工作。包装防护基本要求包括但不限于：

（1）采用防雨、防潮或防锈措施的设备材料不得采用捆装、框架、裸装的包装方式。

（2）以裸装、捆装、框架方式包装的设备、法兰、螺栓、裸露的加工表面及包装框架，必须涂防锈涂料并采取适当保护措施。

（3）易受潮气侵蚀的设备必须封装在防水或密封的坚固容器内，容器内还应放入足量的干燥剂并充入惰性气体，以确保容器内保持低湿度。

（4）采取充氮保护措施的设备，其检测氮气压力的压力表、阀门的外部必须以铁板为材料进行防护包装并加锁；装运过程中每次装卸和交接时，须认真检查容器内氮气的压力情况。

包装防护包含但不限于以下方式：防雨、防潮、防霉、防锈、防震、局部防护等。详细如下：

（一）防雨措施

物资进行防雨包装时，应在封闭箱内采取必要的防雨措施。例如：物资外部罩盖塑料罩和包装箱顶盖采用双层防水材料结构等。遮盖货物所用的塑料薄膜一般不采用聚氯乙烯，如采用时，应使其不与产品油漆层直接接触。采用防雨包装的包装件在喷淋试验后，一般物资包装箱内应无漏水现象，高精度产品包装箱内应无渗水现象。防水材料尽可能使用整块材料，如需拼接时可采用焊合、粘接或搭接，搭接方式应便于雨水外流，搭接宽度不小于 60mm。

（二）防潮措施

物资进行防潮包装时，应采取必要的防潮措施，可以在防潮材料密封容器内加适量的干燥剂等。外包装有防潮纸箱应采用防水瓦楞纸板或在纸箱外表面涂刷防潮材料，例如：清漆、白蜡等。箱内应根据产品特点选用防潮材料衬垫。封箱时，应在上、下遥盖对接处和两端接缝处用压敏胶带贴封，以防雨水侵入。常用的防潮材料有塑料薄膜、铝箔复合膜、硅胶等。电控柜内部进行抽真空防护。

（三）防霉措施

物资进行防霉包装时，应采取必要的防霉措施。例如：在密封容器（罩）内放置挥发性防霉剂，对包装精密产品的不耐霉包装材料进行防霉处理、在包装箱表面涂刷防霉溶液、开设通风孔等。物资进行防霉包装前，对易长霉的零部件和材料必须进行防霉处理。非密封内包装的大、中型封闭箱要采取防霉措施，一般可在木箱两端面的上方开设通风孔。通风孔外壁应设置不锈钢丝纱窗和涂防锈漆。

（四）防锈措施

物资进行防锈包装时，应采取必要的封存防锈措施。主要设备的金属表面不能直接与包装箱的基础层、固定木块和压板接触。在接触点应采用防锈和缓冲材料。封装货物的防锈材料应有良好的防锈效果，并尽可能易于清除，质地轻薄透明。封装容器的防锈材料应具有足够的强度。常用的防锈材料有防锈油（润滑油）、气相缓蚀剂（纸或者塑料薄膜）、可拆除的塑料。

（五）防尘措施

对于精密设备、仪器必须采用防尘包装。一般情况下，采用防雨、防潮的密封包装后，可以达到防尘的目的。

（六）防震措施

防震包装应根据货物的特点采用不同的防震形式。在有内包装箱的复箱式包装中（如精密仪器仪表内箱与外箱、轴承纸盒与外装箱等），除在内包装箱中采取防震措施外，在内、外包装箱之间，要根据货物的不同特点，衬以纸屑、瓦楞纸、泡沫塑料等防震材料或用金属弹簧悬吊，不允许货物在内包装箱（盒）、外包装箱内产生窜动。防震材料必须具有质地柔软、富有弹性、不易虫蛀、不易长霉及不易疲劳变形等特点。常用防震材料有纸屑、瓦楞纸、泡沫塑料、海绵、橡胶、塑料气垫和金属弹簧。

（七）局部防护措施

凡需进行局部防护包装的货物，必须按照国家有关规定，进行必要的局部防护包装，见图 3-70~ 图 3-73。

图 3-70 金属弹簧悬吊

图 3-71 泡沫防护

图 3-72 干燥剂

图 3-73 真空防护

二、防护常见问题

（1）法兰口未进行防护，见图 3-74、图 3-75。

图 3-74　法兰口未进行防护一　　　　　　　图 3-75　法兰口未进行防护二

（2）设备与包装材料之间未进行防护，见图 3-76、图 3-77。

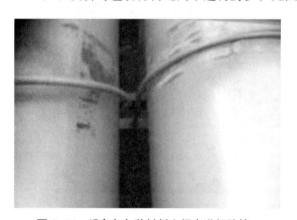 

图 3-76　设备与包装材料之间未进行防护一　　图 3-77　设备与包装材料之间未进行防护二

第四节　标识要求及常见问题

一、包装储运标识种类

（一）贸易标识（运输唛头）

贸易标识样式具体依据箱件大小进行适当放大，唛头材质一般包括不干胶式粘贴唛头、镀锌金属唛头、喷涂唛头，见图 3-78~ 图 3-80。

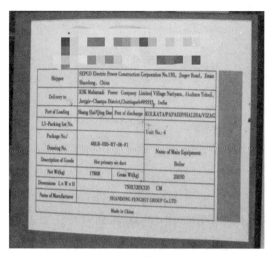

图 3-78　不干胶式粘贴唛头

图 3-79　金属唛头

图 3-80　喷涂唛头

（二）商品标识

商品标识包括品名及规格（以中英文对照标记）、毛重、净重和尺码。

（三）包装标识

包装标识包括重心位置、装卸起吊位置、堆码极限、防雨、轻放、正面、切勿倒置、开启位置等装卸和储存保管指示标志等。（中英文对照）

包装标识应根据产品的特性用下列文字或对应的标志符号刷写在特定的位置上，包装物上还须刷制危险警惕性标志。

（1）向上：THIS WAY UP。

（2）怕湿：KEEP DRY。

（3）小心轻放：HANDLE WITH CARE。

（4）重心点：CENTER OF GRAVITY。

（5）吊装位置：SLING HERE。

（6）有效期限：VALIDITY。

（7）室内保管：KEEP IN HOUSE。

（8）正面：THE FRONT。

（9）密封：SEAL UP。

二、包装储运标识刷制要求

根据对外合同要求和出口物资特性，刷制包装储运标识。包装储运标识刷制要求，包括但不限于：

（一）标识字体

包装储运标识的字体刷制临时标识是中文，其他除非另有明确规定均采用中英文对照。所用字体英文采用大写印刷体，中文采用黑体字。各种标识一律用不褪色的黑色油墨或油漆和空心字模板喷刷和印刷。字体应与包装物体外型尺寸相适应，避免字体过大或过小，做到既美观大方、比例协调，又清晰明显、容易辨认。

（二）标识位置

（1）箱装货物：箱装货物的贸易标识（运输唛头）、物资标识和包装标识分别刷写在包装箱相邻的两个侧面（长、高）箱面上。贸易标识（运输唛头）刷写在箱面的左上角，商品标识刷写在箱面中间偏左位置上。这两个标识上下要相隔适当的距离，不可混为一体刷制。包装标识刷写在同一箱面的右侧中下部位置上。中国境内到站、收货人临时标识单独钉在相邻的一个侧面（宽、高）上。包装标志包括重心位置、装卸起吊位置、堆码极限、防雨、轻放、正面、切勿倒置、开启位置等，应刷写在特定的位置上。运输唛头须填写（喷涂）完整、字迹清晰，固定牢固，见图 3-81、图 3-82。

图 3-81 运输唛头、包装标识一

图 3-82 运输唛头、包装标识二

（2）非箱装物资：裸装、框架包装、捆装等非箱装物资应将唛头刷写在耐腐蚀的金属标牌上（比如铝制标签、挂牌等），这些标牌应用螺栓或者合适的铁丝牢固地固定在相对应的两个侧面的明显、安全位置上，或者用合适的粘贴式标牌（不干胶式）黏贴在包装材料上，粘贴式标牌要求遇水不溶解，也不能与材料发生反应。需要吊牌的大小应根据箱件大小有所不同，但不应小于 105mm × 148mm。吊牌应清晰、耐用、安全、耐腐蚀。每一包装件上吊牌数量不少于两个；并根据物资包装特点，刷写好包装标识和中国境内到站、收货人临时标识，见图 3-83、图 3-84。

图 3-83 唛头固定一

图 3-84 唛头固定二

三、标识常见问题

（1）唛头固定不牢，见图 3-85、图 3-86。

图 3-85 唛头固定不牢一

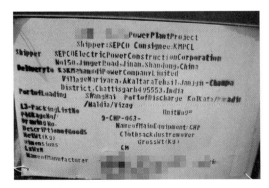

图 3-86 唛头固定不牢二

（2）唛头信息填写信息不全，见图 3-87。

（3）唛头损坏，见图 3-88。

图 3-87 唛头信息填写不全

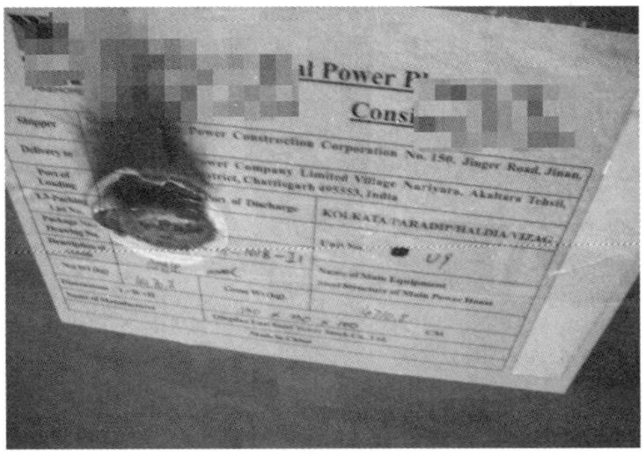

图 3-88 唛头损坏

第四章 ▶ 电力设备现场仓储管控

"仓"也称为仓库，为存放物品的建筑物和场地，可以为房屋建筑、大型容器、洞穴或者特定的场地等，具有存放和保护物品的功能；"储"表示收存以备使用，具有收存、保管、交付使用的意思，当适用有形物品时也称为储存。"仓储"则为利用仓库存放、储存未即时使用的物品的行为。简言之，仓储就是在特定的场所储存物品的行为。

所谓仓储管控，是指对仓库和仓库中储存的物资进行管理。在过去，仓库被看成一个无附加价值的成本中心，而现在仓库不仅被看成是形成附加价值过程中的一部分，而且被看成是企业成功经营中的一个关键因素。仓库被企业作为连接供应方和需求方的桥梁。它可以承担有效率的流通加工，库存管理，运输和配送等活动。也可以以最大的灵活性和及时性满足各个种类顾客的需要，保证产品的固有特性及增值保值作用。

电力设备的现场仓储管控，就是对火力电站工程建设中运输到施工现场准备安装或待安装设备材料的储存和存放，保障设备材料的各项性能质量以及设备安全。

第一节 电力设备仓储规划

为保障设备材料的各项性能质量以及设备安全，进行设备的前期仓储规划尤为重要。仓储规划影响仓库管理的规范性和统一性，仓储规划包括仓库的位置、物资存储等级和区域归属划分，相应仓储设施的配置，以及各类设备的存储方案。建立不同存储环境的仓库和库区，根据设备物资的不同特性，分类、分区存放。

仓储规划时充分考虑施工所在地（或国家）的气候、地理地势、防汛等的具体条件，合理配备防雨、防汛、防火、排水、消防、防冻等设施。充分结合场地的总体布局具体情况尽可能地考虑集中设置并符合以下要求：

（1）库区与其他建设物的间距应符合标准规范的有关规定。专用的油库及危险品库应远离库区，单独设置。库区内应按照消防要求，建立消防制度，保持充分的水源，设置必要的消防设施，保持畅通的消防通道。

（2）库区的照明及其他电气设备应符合安全用电的要求，并设置安全可靠的防雷、避雷设施。

（3）库区应选择地势较高处，周围应设置泄水能力足够的排水沟，保证库区在暴雨期间不积水。

（4）库区地基坚实，有足够的承载力。

（5）库区内道路应畅通，应设置适应的起重设施并应覆盖整库区。

（6）设备材料库区应与施工区域及其他区域进行隔离，周围设置围栏和围墙；配备适宜数量的警卫人员和管理人员。建立警卫及出入库制度并严格执行。

根据仓库所存放不同电力设备的用途、构造、质量、体积、包装情况、维护保管及当地的自然条件因素划分以下五类：

第1类：露天堆放场（料场）：存放受雨、雪、沙尘直接侵袭或阳光直射影响极小的设备和材料。

第2类：棚库或就地建棚：存放需要避免受雨雪直接侵袭或阳光直射，但能承受温度变化的设备及材料。

第3类：封闭库：存放不易受雨、雪、潮气、尘土直接侵袭，但能承受温度变化的设备及材料或易丢失的小机件或贵重材料。

第4类：保温库（大件可就地加盖保温房）：存放不能承受湿度、温度变化及要求防尘的精密设备、仪表及零部件。

第5类：危险品库：存放易燃、易爆、易挥发的物品，如油漆、化学药品等。

第二节　电力设备仓储存在的问题及案例分析

电力设备仓储存在的问题大致包括设备材料的损毁、设备材料受潮、设备材料的保护泄漏及设备材料的丢失等，下面通过几个典型案例分述如下：

（1）柴油发电机油箱设备仓储中出现问题。油箱掉漆、法兰生锈见图4-1。

图4-1　油箱掉漆、法兰生锈

1）设备部件名称：柴油发电机油箱。

2）问题描述：存放时间长、设备出现脱漆。

3）原因分析：未按交货期要求交货，设备到现场长时间未领用，存放过程中保管不妥善，未能做到防晒、防水。

4）处理方式：打磨重新防腐，做好防护。

5）需重点关注的问题：合理制定设备交货期，避免设备长期储存；对应储存周期较长的设备应提前做好应对方案，避免设备长期暴晒，做好设备的防水、防潮。

（2）发电机基础部件腐蚀见图4-2。

图 4-2　发电机基础部件腐蚀

1）设备部件名称：发电机基础。

2）问题描述：设备进水，基础部件腐蚀。

3）原因分析：雨季未做好防水工作，导致设备进水。

4）处理方式：根据现场情况补救或重新发货。

5）需重点关注的问题：注意电厂所在地区的天气情况，在雨季注重做好防水作业，对已进水的设备进行技术补救，避免设备腐蚀。

（3）不锈钢材料与碳钢材料接触生锈。不锈钢材料污染发生点蚀见图 4-3。

图 4-3　不锈钢材料污染发生点蚀

1）设备材料名称：不锈钢材料。

2）问题描述：不锈钢材料使用了碳钢材料的扎丝，碳钢材料受海水及湿气的侵袭而生锈，或受其他碳钢材料的污染，进而影响到不锈钢，长出了锈斑。

3）原因分析：碳钢材料因海水侵蚀而生锈，不锈钢与之接触，造成了污染而生锈。

4）处理方式：进行打磨处理，察看具体的腐蚀深度，也可用特殊的超声波测厚仪进行测量，如果厚度差超过标准的要求，就必须进行更换。

5）需重点关注的问题：

a. 避免不锈钢与碳钢的接触。

b. 做好不锈钢的防护。

（4）四大管道的冷段管道材料锈蚀。

1）设备材料名称：四大管道。

2）问题描述：某项目的四大管道的冷段管道因长期露天存放，油漆脱落而生锈，进而影响材料的性能。

3）原因分析：喷刷防锈漆时可能喷砂质量不达标，或者采用的防锈漆质量不合格，长期露天存放，造成碳钢材料因被雨水侵蚀而生锈。

4）处理方式：进行打磨处理，用超声波测厚仪进行测厚，如果厚度超差，必须进行更换。

5）需重点关注的问题：

a. 检查油漆前喷砂后的表面质量。

b. 查看防锈油漆的质量证明书，是否正规厂家产品。

（5）钢结构连接板生锈。连接板因生锈而腐蚀见图4-4。

图4-4 连接板因生锈而腐蚀

1）设备材料名称：钢结构连接板。

2）问题描述：某项目钢结构的连接板因长期露天存放生锈，进而影响材料的性能。

3）原因分析：长期露天存放，造成了碳钢材料因海水侵蚀而生锈。

4）处理方式：进行打磨或喷砂处理，用超声波测厚仪进行测厚，如果厚度超差，必须进行更换。

5）需重点关注的问题：

a. 重点部位的连接板必须入库保存。

b. 做好防护工作，防雨面覆盖。

（6）中低压管道锈蚀见图 4-5。

图 4-5　中低压管道锈蚀

1）设备材料名称：中低压管道。

2）问题描述：某项目的中低压碳钢管道因长期露天存放而发生锈蚀。

3）原因分析：长期露天存放，造成了碳钢材料因海水侵蚀而生锈。

4）处理方式：进行打磨或喷砂处理，用超声波测厚仪进行测厚，如果厚度超差，必须进行更换。

5）需重点关注的问题：

a. 做好防护工作，用防雨面覆盖。

b. 重点部位的中低压管道必须入库保存。

第三节　电力重点设备防护要求及措施

根据不同设备材料的维护保养要求，结合电力工程项目的实际施工经验，制定出不同设备材料的具体防护指导要求；根据项目所在地（或国家）的不同环境条件进行调整以便有效实施。以下按照电力工程的相关专业对主要电力设备材料的防护要求及措施分述如下：

一、锅炉专业设备

锅炉的构架、构件、护板、受热面设备等在堆放期间支撑点应适当，使其刚性最大面受力以防止变形，并应定期检查垫高和变形状况，发现问题及时处理。

仪表、盘柜及成套开关柜的防护要求：

（1）仪表、继电器应存放在封闭库内。

（2）测量仪表、控制仪表、分析仪表、计算机及其外部设备等精密设备，宜存放在恒温恒湿库内。

（3）精密设备开箱检验后，应恢复其原包装。

（4）表盘、控制台、开关柜应直立保管。

电机设备主体存放在清洁干燥的库房，当条件不允许时，可就地保管，但应有防火、防潮、防尘及防止小动物进入等措施。定期检查转动、锈蚀及绝缘情况，发现电机有水珠或锈蚀时应及时处理。

对于需要长期维护保管的磨煤机、给煤机、风机、输煤设备、各种泵类等转动机械的轴颈、轴承和联轴器，应保持有合格的防锈蚀涂层。输煤辊筒和托架的外壁应保持有合格的油漆涂层，输煤皮带应防止阳光直射。胶带存放环境温度应保持在 −15~40℃ 之间，相对湿度应保持在 50%~80% 之间。

风机外壳的内外表面应保持合格的油漆涂层；叶轮、叶片及联轴器等要涂防锈油脂。电除尘滤袋入库保管，底部垫高防止受潮及水浸。龙骨室外保管，加盖篷布，底部垫高。

裸装管材及管道附件可按供货商成套供货范围分类摆放。直管下部应有衬垫措施，宜倾斜存放，叠置不宜过高，叠放时各层间支点应尽量位于同一垂直平面内。

所有易受潮变质的锅炉附件，如垫片、填料等，应存放在干燥的封闭库或保温库内。随成套设备到货的小配件一律入库保管，以防丢失。

二、汽轮机专业设备

定期检查给水泵汽轮机车衣的遮盖情况。检查给水泵汽轮机的轴承座、隔板套、汽封片、座架等所有的加工面应保持合格的防锈油脂涂层。轴承箱内壁及汽缸上的内螺纹必须保持清洁，并保持有合格的防锈油脂涂层。

汽轮机的滑销系统、台板结合面应除锈，并保持有合格的防锈油脂涂层。

真空包装的设备在存放期间不宜拆除真空包装外护，以保障设备安全，并定期检查，维持设备存放的真空度范围。

除氧器、离子交换器、过滤器、水箱、扩容器、加热器、冷凝器、冷油器、抽气器等的内部，应保持无积水、浮尘和浮锈。凝汽器的冷却水管开箱后利用原包装存放，保存期间不应有振动、敲击、碰撞、弯曲，以免产生应力，导致锈蚀或腐蚀。

衬胶的离子交换器和阀门、管件的设备，在保管期间应防止昼夜温差过大，夏季避免曝晒，存放温度不超过 30℃，冬季温度不低于 +5℃，以免脱胶和衬胶层产生裂纹。离子交换树脂和离子交换膜的保管温度不超过 40℃，并注意防止失水。离子交换膜在存放期间严禁日晒、雨淋、重压和折叠。

带执行机构的阀门应存放在干燥通风的地方，不得露天存放并避免执行机构受损。

三、电控专业设备

电缆均应绕在电缆盘上。到货后应立即检查电缆与电缆盘有无损伤、电缆头是否封好。电缆经外观检查有怀疑时，应进行绝缘测定。电缆存放场所应干燥，地基坚实，四周易排水，电缆头应封好并固定在电缆盘侧面。电缆在短距离移动时应按电缆盘上所标示的方向滚动，严禁反向滚动。直径大于 1m 的轴装电缆装卸时，严禁直接穿钢丝绳吊装，宜在电缆盘轴心穿装钢管后吊装。

氧化锌避雷器本体表面的油漆应保持合格，均压环无变形，拉紧瓷瓶与调整弹簧完好，无锈蚀，抽真空丝堵严密。

开关柜应直立保管，存放在封闭库内，防止盘柜受潮等情况发生，表盘在搬运时应采取防震、防潮、防止框架变形和漆面受损等安全措施，必要时可将易损元件拆下单独包装运输。

封闭母线应平放在干燥通风的棚库或封闭库内，禁止压叠堆放。

阻波器本体表面油漆应保持合格，应直立保管，不得受强烈冲击和振动，防止倾倒或遭受外力损伤。设备应置于棚库。条件允许放于封闭库中。结合滤波器应储存在封闭库，保持通风干燥和无腐蚀性物质侵蚀，防止强烈振动。

全厂动力箱、端子箱设备在搬运时应采取防振、防潮、防止框架变形和漆面受损等安全措施，存放在封闭库内，防止设备受潮等情况的发生。

仪表、继电器应存放在封闭库，仪表、继电器放置方法应符合供货商（制造商）要求。宜带原包装放置或另用塑料袋包好存放在货架上，货架底层与地面的距离不宜小于 0.5m。货架前后宜设有通道，且不宜紧靠墙壁。仪表、继电器的塑料外壳如有霉点时，应在清除后涂刷掺有防霉剂的防护漆。

测量孔板、喷嘴、测温元件、节流孔板、平衡容器、分析探头、执行机构、各种导线、仪表阀门及一般电气元件等应存放在封闭库内。测量仪表、控制仪表、分析仪表、计算机及其外部设备等精密设备，宜存放在恒温恒湿库内，并经常查看是否有受潮等异常情况。

四、其他主要材料

主要材料的通用存放要求：保持材料最低点与地面的实际距离不小于 150mm，在潮湿多雨地区相应适当垫高。采用枕木作为支垫时，宜先将枕木干燥、涂防腐油后再使用。地势低洼区域在雨季来临前采取必要的加高措施或将材料转移至地势较高的位置，防止在水中浸泡。相同的材料叠起放置时，各层的支撑点应位于同一垂直方向内，避免下面的材料发生变形，且堆放应稳固、可靠。金属构件的堆放高度不宜超过 2m。不锈钢材料等应与普通碳钢、合金钢材料隔离区域分开放置。需封闭或半封闭保存且无法进入库内的材料到货后及时按保管要求搭建临时库房，确保按照仓储等级要求存放。维护保管期间应经常检查材料有无锈蚀、霉变、变形、倾斜或受力不均，堆放是否稳固，有无积水、积灰，下部支座有无沉陷、腐烂或离地过近等问题，如发现问题应及时处理。对堆放遮盖保管的材料，应根据气候条件，不定期掀开遮盖物，使其通风，以免材料锈蚀。

对到货的油漆、气体、化学药品等危险品，应及时存入危险品库中单独保管。对到货带有放射性物品的设备应即时入"射源库"。在危险品库周围应配备足够的消防器材和其他的防护装置。危险品库应设有防爆电源、防爆灯具、防爆排风扇等设施。在高温天气时应安排专人定期检查，做好检查记录。

阀门应存放于仓库内，所有阀门开口应密封，端头封固材料应坚固。塑料封固材料不宜用于直径大于 300mm 阀门。阀门内应无积水。储存阀门时应竖立垫起，按顺序排放，避免法兰面朝上。隔膜阀存放温度宜为 5~30℃，以防冻裂和橡胶、塑料老化。不锈钢阀门端头不应采用卤化材料和碳钢材料封固，宜采用聚乙烯等材料封固。非金属密封蝶阀（包括液控止回蝶阀）在试验后，蝶板应打开 4°~5°，以保证密封面在储存和运输中不受损坏。属长期维护保管的，未加缓蚀剂的阀门门杆盘根应取出，添加缓蚀剂的门杆盘根应定期检查、更换。属长期维护保管的液力传动阀门，其汽缸、活塞及连杆等加工面应包裹气相缓蚀纸后保管，阀门的进出口应封堵，阀门内部的加工面、门杆及法兰面应保持有合格的防锈油脂或硬膜防锈油涂层。气力传动阀门应在其弹簧处于自由状态下保管。阀门整体要保持干燥、清洁，阀体精密加工件部位避免磕碰，轻移轻放，存放在干燥且温湿度变化较小的库房内，根据当地的气候条件尤其在雨季要每周定期检查电动部件等精密部位是否受潮，电路及仪表管等是否存在变形老化等现象。带执行机构的阀门应存放在通风干燥的地方，不得露天存放并避免执行机构受力。

经过长时间存放的管件支吊架类材料，管件坡口及支吊架等均有锈蚀的情况，宜采取相应的除锈措施，各种设备的金属表面在维护保管期间需要涂覆或换涂防锈油脂、硬膜防锈油、油漆等防锈层时，必须先清除旧的防锈层，然后进行换涂。在除锈、防锈蚀处理中，应记录、恢复设备上原来的各种标记（尤其是行程、开度、中心线等）。

当钢结构存放周期较长，遇到恶劣气候时，钢结构水平放置下垫 150mm 以上，堆高不超过 2 层，防止天气过热产生应力而导致变形，钢结构连接部分应做防锈处理，螺栓孔应连接预装螺栓，防止因变形而影响安装。

第五章 ▶ 电力设备质量问题案例分析

第一节　锅炉专业设备

一、原材料问题

（一）钢材材质不符

（1）设备部件名称：锅炉钢结构。

（2）问题描述：钢结构生产所需的钢板材质与图纸要求不符。

（3）原因分析：供货商采购责任心不强、检验人员工作不到位，使用不符合要求的原材料进行生产。

（4）处理方式：供货商重新采购原材料进行生产，已生产部分做标记转为供货商库存产品，不再继续使用。

（5）需重点关注的问题：

1）加强对供货商的监督管理，审核供货商的质保体系。

2）加强对供货商的过程检验，严格按照图纸及相关标准的要求进行检查，有问题及时提出、及时解决。

3）对设备原材料问题，在合同中要明确责任方，并制定应对措施，可采用保函、质保金、更换、修理、返还货款、支付违约金、赔偿等方式要求相关方承担相应的责任。

（二）下水包集箱短管材质错用

（1）设备部件名称：锅炉集箱管道。

（2）问题描述：监造人员在检查锅炉下水包前后集箱的质量文件时，发现有一段 $\phi 114.5 \times 14mm$、长为 120mm 的短管，设计材质是 SA210，但供货商使用 SA106C 替代，且设计变更没有被批准。

（3）原因分析：供货商没有按照工作流程开展工作，存在先更换短管再补齐文件的侥幸心理，没有经过批准就更换材料，事情发生后再联系设计人员出具变更，不符合工作流程和法规要求。

（4）处理方式：经核实，此材料代用为以高代低，不影响设备性能可以进行材料替换。供货商联系设计人员提供强度计算和设计变更单，提交相关机构审核批准。

（5）需重点关注的问题：部分供货商存在侥幸心理，不经审核擅自变更材料，检验人员在检验中需要认真核对图纸上每个部件的材质与供货商提供的原材料质量证明，如两者存在差异，应要求供货商提供批准的书面变更。

（三）原材料表面质量缺陷

（1）设备部件名称：锅炉集箱。

（2）问题描述：监造人员在集箱车间巡检时发现过热器集箱、后烟井侧墙下集箱（右）和再热器集箱的本体原材料上存在凹坑。

（3）原因分析：供货商没有按照工作流程进行原材料复检，使用存在缺陷的原材料进行加工。

（4）处理方式：供货商对原材料进行修补处理，符合要求后继续生产。

（5）需重点关注的问题：加强对供货商产品生产的过程控制，严格按照图纸及相关标准的要求进行检查。

（四）钢板厚度不合格

（1）设备部件名称：锅炉烟风道。

（2）问题描述：烟风道钢板厚度要求不小于 5.4mm，检验发现共有 4 块护板实际厚度为 5.3、5.2mm，原材料不合格。

（3）原因分析：供货商采购原材料采购不合格。

（4）处理方式：供货商重新采购原材料进行生产。

（5）需重点关注的问题：

1）加强对供货商的监督管理，审核供货商的质保体系。

2）加强对供货商的过程检验，严格按照图纸及相关标准的要求进行检查。

（五）空气预热器材质不符

（1）设备部件名称：锅炉空气预热器。

（2）问题描述：空气预热器材质与设计图纸不符，业主要求澄清并提供两种材质对照表。

（3）原因分析：供货商分析正常材料代用，并提供了材料代用单进行澄清。

（4）处理方式：依据供货商的材料代用单与业主进行讨论，对两种材料的材质进行对比分析以及性能考核，最终业主接受了材料代用。

（5）需重点关注的问题：

1）材料代用必须事先通知并由设计确认后再实施。

2）检验时应加强审核，发现问题及时提出、及时处理。

（六）衬板合金元素含量与标准不符

（1）设备部件名称：磨煤机衬板。

（2）问题描述：监造人员在衬板化学元素含量复检时发现钼含量超标，供货商标准中要求钼含量小于或等于 0.3%，实际产品钼含量为 0.2%~0.4%。

（3）原因分析：

1）衬板由分包厂生产，分包厂采用的标准与合同供货商不一致。

2）分包厂不具备化验微量元素的能力，仅凭铁矿砂供货商的元素含量数据配料。

（4）处理方法：供货商将此批衬板进行了更换，更换为符合要求的衬板。

（5）需重点关注的问题：

1）质量检验中注意采用的标准与技术协议要一致。

2）供货商与分包商之间的技术协议必须与主合同一致。

（七）辊齿磨损严重，达不到寿命要求

（1）设备部件名称：碎渣机辊齿。

（2）问题描述：某项目碎渣机共有 21 排辊齿，其中有三排磨损到报废的程度，根据合同要求辊齿材质为 CrNi 合金球铁，使用寿命为 40000h，但现场碎渣机只运行了 3000h 就磨损到报废的程度，与合同要求相差甚远。

（3）原因分析：辊齿铸造过程存在过热的缺陷，热处理工艺不当，造成辊齿耐磨性差。现场调整煤粉粒度后再次观察磨损量，发现煤粉粒度合适后磨损量依旧不符合要求，由此印证辊齿抗磨性的确达不到合同的要求。

（4）处理方式：供货商提供的碎渣机齿辊材质不符合供货技术规范，进行免费更换，监造人员对补供的辊齿进行检验。

（5）需重点关注的问题：

1）技术协议中应明确重要部件的各项技术要求，如果不明确，供货商会就低不就高，质量检验中应注意采用标准与技术协议的一致性和复合性。

2）需要求供货商与分包商签订合同时，技术协议要求必须与主合同一致。

3）如对材料材质性能具有疑义，需提前寻求第三方机构进行专业鉴定，确保产品能够满足性能要求后再进行使用。

二、外购件问题

（一）锅炉阀门内漏

（1）设备部件名称：锅炉疏水阀。

（2）问题描述：某项目现场锅炉水压试验期间，8 个疏水阀门发生内漏。

（3）原因分析：

1）供货商外购的阀门质量不合格。

2）供货商未对阀门的水压进行见证，资料也未进行检查，不能保证阀门出厂前确实做过水压试验以验证性能。

（4）处理方式：

1）中隔墙及包墙下集箱的疏水阀门由于急需，现场临时借用其他炉的阀门进行更换，换下的阀门待供货商有关人员到项目现场进行处理。

2）中间集箱疏水一次门和二次门、下降管放气一次阀和二次阀在项目现场进行研磨处理。

（5）需重点关注的问题：

1）审核供货商的质保程序，对重要外购件需审核外购厂资质。

2）采购阀门时应注意供货商的阀门水压资料是否齐全。

3）在监造过程中严格按照程序要求监督供货商的检验情况。

4）项目现场安装阀门前对阀门进行水压实验，水压合格后方可安装。

（二）磨煤机衬板断裂及磨损问题

（1）设备部件名称：磨煤机衬板。

（2）问题描述：磨煤机衬板在机组运行中经常出现断裂及磨损问题，达不到合同规定的寿命要求。

（3）原因分析：

1）供货商所供磨煤机衬板制作及热处理工艺不当，致使大量衬板出现裂纹，甚至断裂，影响机组启动及正常运行。

2）衬板所选材质存在问题，与设计及合同寿命不符。不符合设备和规范要求。

（4）处理方式：

1）通过与供货商沟通，供货商重新提供合格的磨煤机衬板后，进行更换及观察。

2）在要求供货商提供衬板的同时，项目现场自行采取措施进行补救。

3）及时更换已有裂纹的配衬板，以免损坏的衬板影响到其他衬板寿命。

（5）需重点关注的问题：

1）采购时应将主合同要求移植到采购合同中去。

2）在采购合同中应明确关键检验工序点。

3）在监造中严格按照程序要求加强监督检验管理。

4）供货商应对所供应或出售的设备和材料的质量负责，可采用保函、质保金、更换、修理、返还货款、支付违约金、赔偿等方式约定供货商承担质量缺陷的责任。

（三）磨煤机轴承铸造缺陷问题

（1）设备部件名称：磨煤机轴承。

（2）问题描述：现场在做磨煤机支撑轴承水压试验时，底部渗水，经放水检查，清理后发现转角部有砂眼。

（3）原因分析：

1）轴承为供货商的外购产品，轴承浇注过程操作不当，导致铸砂掺和到铁水中。对铸砂清理不彻底，同时厂内水压试验时没有发现漏点。

2）供货商外协件质检员检查不认真，没有发现问题。

3）监理单位监督检验不到位。

4）供货商对分包商管理粗放，制造过程监督检查依靠分包商力量，只进行产品最终出厂检验。

（4）处理方式：供货商安排工代到项目现场确认漏点并分析问题原因，联系供货商更换了新轴承。

（5）需重点关注的问题：

1）建议采购阶段明确规定主要部件的生产商不得分包，要审核分包厂资质经确认后才可使用。

2）在监造中严格按照程序进行，加强监督检验管理，磨煤机轴瓦试验应进行抽检见证。

（四）磨煤机钢球合金元素铬含量偏低

（1）设备部件名称：磨煤机钢球。

（2）问题描述：业主在现场对衬板及钢球化学元素抽查时发现铬含量低，主合同要求为高铬产品，实际衬板为中铬铸件，铬含量为 7%~8%，钢球为低铬铸件，铬含量只有 2%。产品不满足主合同要求且产品磨损较快，达不到合同规定的使用寿命。

（3）原因分析：

1）与供货商的合同中未根据主合同的要求明确钢球的铬含量，导致与业主对供货产品存在疑义。

2）供货商为增加其经济效益，按照标准下限选用的钢球铬含量偏低，不满足主合同要求。

（4）处理方式：总承包方经过与业主协商，从技术、运行业绩等各方面进行讨论解释，且当前机组衬板已发运到项目现场，不再进行更换。后续机组适当提高钢球的 Gr 含量到 2%~4%。总承包方经书面咨询供货商，与该项目磨煤机衬板配套的钢球铬含量可以提高到 2%~4%。

（5）需重点关注的问题：

1）技术协议中应明确重要部件的各项技术要求，如果不明确，供货商会就低不就高，质量检验中注意采用的标准与技术协议的一致性。

2）需审核供货商与分包商之间的技术协议必须与主合同一致。

3）监理单位应适时到分包商工厂进行检验。

（五）电除尘的振打装置减速机轴承频繁损坏

（1）设备部件名称：电除尘振打装置。

（2）问题描述：本问题出自巴西某项目现场，电除尘振打装置在运行过程中轴承、减速齿轮损坏频繁，影响设备正常运行。

（3）处理方式：项目现场对轴承及齿轮进行校正、加工维修，并采购新的轴承及齿轮进行更换。

（4）原因分析：根据项目现场情况经过一系列分析，最终判定由于供货商供货电动机设计频率为 50Hz，而巴西当地的电源频率为 60Hz，致使电动机运行不正常，造成轴承及齿轮等部件频繁损坏。

（5）需重点关注的问题：

1）仔细审查业主的合同及技术协议，签订合同时明确标明外购部件的技术参数。

2）对于这种特殊国别的特殊要求，在监造检验中要格外注意，检查一定要细致到位，确保供货部件的技术参数满足运行要求。

（六）引风机油站油泵电动机偏小，与油泵不匹配

（1）设备部件名称：引风机油站。

（2）问题描述：印度某项目引风机油站油泵电动机功率设计为 2.2kW，但实际供货为 1.1kW，运行较短时间电动机就会过热跳闸。另外，两台油泵同时转动时，会发生两台油泵电动机均电流超载、电源盘柜保护跳闸、引风机联锁跳闸的现象，因此，该问题造成两次机组非正常停机。

（3）处理方式：供货商重新补供 2.2kW 的电动机项目现场安装后运行正常。

（4）原因分析：供货商在配套设备供货时未审查图纸，未按照图纸及设备合同要求供货，造成外购部件选型偏小，项目现场无法正常运行。

（5）需重点关注的问题：

1）合同中对设备分包做出要求，重要、特殊设备原则上不允许进行分包。

2）检验过程中，加强对设备规格型号的检查，防止错发。

（七）底渣材料供货不全

（1）设备部件名称：底渣设备材料。

（2）问题描述：底渣设备成套很多附属设备，如管道、弯头、法兰、连接螺栓，供货商认为不在其供货范围内，都未进行供货，对项目现场安装进度造成很大影响。

（3）处理方式：总承包方多方式多次联系，均未起到效果，只能重新采购其他配件进

行安装。

（4）原因分析：合同中对供货范围界定不明确，没有详细的供货清单，仅列需提供设备及所需要的附件，而没有具体附件名称和规格。

（5）需重点关注的问题：

1）在采购合同中应明确设备的采购范围，并列出设备清单。

2）总承包方加强物资出厂控制，物资出厂前或运抵国内目的地后，对物资进行预检，提前发现、解决存在的问题。

3）发现问题后及时同供货商沟通，通过良好的协商来解决问题。

（八）碎煤机环锤硬度不符合标准要求

（1）设备部件名称：碎煤机环锤。

（2）问题描述：碎煤机环锤在依据质量计划进行表面质量检验和硬度检验时，发现环锤表面外观粗糙，同时环锤硬度不满足标准要求。

（3）处理方法：

1）对供货商明确要求，对有质量问题的环锤不予接受。

2）要求供货商重新采购一批符合质量要求的环锤并重新组织检验。

（4）原因分析：

1）供货商对分包商和外购设备监管不严格，缺乏有效的质量管控。

2）在外购材料到厂后，供货商没有按照相关规定对材料进行自检。

（5）需重点关注的问题：

1）对于供货商的分包商，要加强管控，监督其检验和试验。

2）材料到厂后，要求供货商一定要按照相关程序，依据标准对原材料进行复检，确保材料合格。

（九）石子煤斗水力喷射器出口关断阀内漏

（1）设备部件名称：石子煤系统阀门。

（2）问题描述：锅炉调试运行过程中，石子煤斗水力喷射器出口阀（单台炉 7 只、气动），均出现了严重的内漏情况，导致冲洗石子煤的高压水倒流至石子煤斗内部。

（3）处理方式：总承包方同供货商召开问题专题会，供货商表示目前没有更好的对此类插板阀内漏的处理方案，最好办法是更换成压力等级更高、密封效果更好的插板阀或其他形式的阀门，供货商将保证后续所补供阀门的运行稳定性及产品的质量，并达到合同规定的使用寿命。

（4）原因分析：该种阀门为单面硬质合金密封气动插板阀，没有手动装置。新阀门在工厂进行 1.1 倍设计压力下水压试验出现严重泄漏，内漏问题仍然严重。

（5）需重点关注的问题：订货时需对阀门选型高度关注，选用橡胶密封或楔形双面密封效果较好的阀门，一般不会出现质量问题。以后类似于阀门选型之类的问题，需要供货商认真分析每种阀门的优劣所在，在阀门参数、选型和特性方面考虑充分，并要求供货商严格控制产品质量。

三、加工尺寸、工艺类问题

（一）锅炉四角燃烧器水冷壁磨损

（1）设备部件名称：锅炉水冷壁。

（2）问题描述：某项目锅炉运行以来，锅炉燃烧状况一直不够理想，部分燃烧器摆角无法摆动，即使在满负荷仍需要投入再热器事故喷水。燃烧器区域炉膛四角燃烧器喷口管屏垂直段管子均有较严重的磨损，因此发生了多次泄漏，造成停机检修。

（3）原因分析：在项目现场针对上述现象进行了分析，并在停机期间进行了全面检查处理：

1）发现因供货商组合喷燃器尺寸存在偏差，投运后加上供货商炉水冷壁区域膨胀，导致磨损。

2）燃烧器喷口管屏与燃烧器之间间距仅 18mm，其中 12mm 为燃烧器喷口摆动间隙，二次风带灰，高速射流引起管屏磨损，导致燃烧器喷口管屏两侧均有不同程度的磨损。

（4）处理方式：

1）采用不锈钢板将上部和下部的防焦风口堵死；燃烧器区域管屏边管增加防磨盖板或在易磨损管壁上抹上耐磨材料如 SiC 浇注料，并用销钉固定；通过切割鳍片将喷口与管屏的间隙调整到 10~13mm，保证喷嘴摆动自由；提高管屏的耐磨损性能，优化燃烧器喷口管屏结构，增大管屏与燃烧器的间距，对燃烧器附近区域管屏上附着钢玉材料。

2）通过与供货商研讨最终决定在年度大修时进行四角燃烧器更换，以解决磨损泄漏问题。

（5）需重点关注的问题：

1）在监造过程中严格按照程序要求加强监督检验管理。

2）包装需采取有效防雨、防潮、防锈、防震等措施，以免在运输过程中，由于振动和碰撞引起燃烧器轴承等部件的损坏。

（二）墙式再热器与水冷壁装配过程中出现的管子凹陷损伤

（1）设备部件名称：锅炉再热器。

（2）问题描述：监造人员在锅炉厂墙式再热器检验过程中，发现与水冷壁装配的墙式再热器管排左右两侧最外面的管子出现凹陷损伤，每根管子有 2 处凹陷，每片管排有 4 处凹陷。

（3）原因分析：

1）墙式再热器管子规格为 $\phi 60 \times 4mm$，材质为 SA212-T22，热处理后硬度较低，与水冷壁管排装配后，其重量较大。在车间内需要进行翻转、吊运等一系列过程，供货商所用的起吊索具是吊钩，直接钩在管子上，造成与吊钩接触的最外侧的管子外力过大而凹陷。

2）分包商质量管理意识淡薄，只注重生产进度而忽视质量问题，尤其是设备生产过程中的机械损伤问题，暴露了供货商责任心不强、质量控制方案不周、精细化程度欠缺等问题。

（4）处理方式：由于凹陷过深影响管内工质的流动性和安全性，要求供货商对凹陷明显的区域管子进行更换，同时要求吊运过程中使用包角，避免管子因局部受力过大而出现机械损伤。供货商按要求整改后，没有出现类似问题。

（5）过程中需重点关注的问题：

1）监造过程中需对主要供货商的分包商给予关注，督促其加强对分包商的质量监督和管理。

2）为避免类似问题，应加强对供货商车间生产工作的督促和排查，督促供货商提高质量意识和精细化程度。

（三）锅炉屏式再热器出口集箱短管凹陷

（1）设备部件名称：锅炉屏式再热器。

（2）问题描述：检验人员在车间对锅炉进行屏式再热器出口集箱尺寸完成度检验的时候，发现集箱端部外侧一根管子管口凹陷。

（3）处理方式：联系供货商出具设计变更，经供货商工艺部门和第三方检验机构批准后予以实施换管，换管后的探伤及热处理工作按照工艺要求实施。

（4）原因分析：集箱在车间内吊装、倒运过程中，起吊索具、钢丝绳、链条与管子碰触，或管子与车间建筑物及其他设备碰触，均可能产生机械损伤，导致表面凹陷、剐蹭、变形，甚至报废。

（5）需重点关注的问题：因车间生产过程中导致的机械性损伤，占到所有质量问题的很大一部分，主要原因还是工人质量意识淡薄，责任心不强，工作粗心大意，导致成品或半成品被意外损伤。监造过程中应督促供货商加强质量控制意识，强化责任心，按照程序和工作标准执行，切实加强产品保护意识。

（四）管排变形矫正方法采用不当

（1）设备部件名称：蛇形管。

（2）问题描述：供货商在生产锅炉末级过热器管排时，采用明火加热然后施加外力的方法对生产和吊运过程中因外力导致变形的管排进行校正，导致管子表面加热的痕迹明显。明火加热会改变金属组织结构，影响机械性能，但供货商表示这是一直以来的惯例，表示会尽量避免管排变形。

（3）处理方式：改进生产工艺，调整处理办法，避免因处理不当对管排性能造成影响。

（4）原因分析：目前对大片管排变形，使用明火加热后外加一定的作用力使变形恢复的做法是行业内通行的惯例，一是省时省力，方便操作；二是冷矫正操作较为复杂，对操作者要求较高。但这种加热方式存在隐患，加热的温度如何保证不破坏金属晶体结构，如何保证管子避免不可逆的形变，都需要认真研究。

（5）过程中需重点关注的问题：车间生产存在侥幸心理，存在避重就轻、走捷径的思想，对产品长远的质量不负责任，粗放对待产品，没有按照工艺要求进行加工处理，或者制定的工艺要求本身也有问题。总承包方需要加强对工艺的审核，存在疑问的地方需要与供货商讨论和沟通。

（五）末级过热器弯头频繁爆管

（1）设备部件名称：锅炉过热器。

（2）问题描述：锅炉末级过热器弯头在项目现场使用过程中频繁爆管，引起周围管子泄漏，共造成锅炉爆管9次，造成停炉、停机重大损失。

（3）原因分析：业主对弯头金属结构组织进行化验发现缺陷，怀疑弯头加工时热处理工艺不当；供货商分析安装过程中可能有热校正，引起组织变化。

（4）处理方式：末级过热器管道已出现9次故障，多次故障造成巨额的发电损失。业主要求尽快更换所有末级过热器弯头，供货商专家组到项目现场与业主进行商谈，同意补供220只弯头作为备件更换。

（5）需重点关注的问题：

1）加强原材料材质复检，除了需进行文件审核外，必要时应进行材质化验见证，确保材质符合要求。

2）加强生产阶段的质量控制，严格控制产品出厂质量。

3）项目现场发现问题后应及时处理，以免问题扩大，造成更大损失。

（六）耦合器调节存在死区

（1）设备部件名称：引风机耦合器。

（2）问题描述：引风机耦合器主油泵齿轮磨损严重，耦合器调整存在死区，导致工作油泵磨损断裂。通过改造油系统及更换新耦合器后，风机目前运行平稳，但是未能解决耦合器死区问题。

（3）原因分析：引风机在运行过程中，由于液力耦合器内部主油泵从动齿轮质量问题，使耦合器多次出现工作油压过低，造成机组非正常停机。所供风机耦合器内部部件质量不符合要求。

（4）处理方式：鉴于上述情况，项目现场检修人员通过对设备进行多方面分析及与供货商沟通，最终提出采用外置油泵代替耦合器主油泵及更新耦合器措施，来确保风机正常运行，但是在更换新耦合器后，耦合器死区还存在问题。

（5）需重点关注的问题：

1）设备选型方面，技术人员应该充分了解项目现场的实际情况，加强与业主之间的沟通，及时了解机组中存在的问题，并在设备选型时考虑优化。

2）加强监造监督，规范出厂检验，确保产品合格出厂。

3）加强设备资料管理，及时收集相关资料。

（七）引风机静叶调节装置卡涩

（1）设备部件名称：引风机静叶调节装置。

（2）问题描述：引风机启动后，开静叶至 23%~48% 期间无法实现执行器操作，需两人用执行器手轮打开，易因操作不当导致炉膛负压波动较大，甚至导致 MFT 动作。

（3）原因分析：

1）执行器选型较小，无法满足引风机启动后，打开静叶所需要抵消的风载力矩。

2）有不明原因的卡涩，怀疑静叶调整装置保持架容易变形。

（4）处理方式：项目现场仍只能通过手动打开静叶，通过更换执行器实现自动操作。

（5）需重点关注的问题：设备选型时应注意设备执行机构与机械设备的匹配性，确保设备能可靠操作。

（八）设备高度与技术协议要求不一致

（1）设备部件名称：碎煤机本体。

（2）问题描述：监造人员在按照质量检验计划要求对碎煤机进行检验时，发现设备整机高度为 2420mm，而最终图纸高度为 2315mm。由于设备已生产完成、设备高度不影响设备本身功能，加上当时工期较紧，所以设备被发送到项目现场。

（3）原因分析：供货商设计人员没有按照技术协议的要求设计产品，凭经验套用以往工程的图纸。

（4）处理方式：供货商设备高度未修改，项目现场根据设备高度调整落煤管的高度。

（5）需重点关注的问题：

1）供货商要严格对照技术协议检查设备和图纸。

2）对于其他供货商也要检查图纸与合同的符合性。

3）注意设备与基础、管道的连接尺寸检查。

（九）磨煤机爆裂问题

（1）设备部件名称：磨煤机侧机体。

（2）问题描述：项目现场在投煤升负荷期间，磨煤机在正常运行无任何预兆的情况下侧机体外部壳板发生撕裂，大量热态蒸汽喷出并对侧机体保温造成严重破坏。

（3）原因分析：

1）侧机体内部衬有保温棉，生产过程中放入包含有水分的保温棉，运行过程中水分受热膨胀，达到一定压力后造成侧机体爆裂。

2）据了解，侧机体加工工艺要求上侧和下侧是分段焊接，由于加工失误对其进行满焊，造成运行中水蒸气无法通过缝隙排出。

（4）处理方式：

1）对爆裂的磨煤机进行补焊处理。

2）对其他磨煤机在侧机体部位打孔，运行过程中使内部水分通过孔排出，排出后再进行补焊处理。

（5）过程中需重点关注的问题：

1）在生产加工过程中严加控制，防止供货商将不干燥的保温棉置于其中，同时控制其生产工艺，严格按照图纸要求检验。

2）对由此造成的损失，由供货商承担。

（十）锅炉热一次风关断插板门、热一次风调节挡板门缺陷问题

（1）设备部件名称：热一次风关断插板门、热一次风调节挡板门。

（2）问题描述：印度某项目现场锅炉冷、热态调试及运行过程中，发现热一次风关断插板门和热一次风调节挡板门（磨煤机进口处）存在很多问题：

1）热一次风关断插板门在冷态及热态时不能开关自如，出现严重卡涩现象，在锅炉运行时插板门甚至卡在中间部位无法开关（打开后发现有的推动杆被顶弯，有的连杆销轴脱落）。

2）热一次风关断插板门普遍存在内漏现象。

3）热一次风调节挡板门两侧轴封处漏灰严重。

（3）原因分析：

1）热一次风关断插板门在冷态及热态时不能开关自如，出现严重卡涩现象的问题：

a.门板和框架的设计间隙过小，门板发生变形后容易出现卡涩。

b.门板侧面焊缝清理不干净，部分焊疤过高，与框架发生卡涉，此问题属于工艺不仔细。

c.个别门板的导向轮焊接位置与图纸不符，造成轮子外沿低于门板外侧边缘，使门板直接与框架之间发生滑动摩擦，发生该问题的原因是门板上导向轮的销子是焊接在门板上的，安装孔比销子大，工人焊接时应该居中焊接，但是工人焊接时没有居中焊接，造成导向轮中心偏向门板的内部，因此导向轮没有露出门板槽。

2）热一次风关断插板门普遍存在内漏现象的问题：风门内部连接杆设计强度不够，且两连接杆的螺纹精度不足，螺纹间隙偏大，气缸顶紧时，连接杆受压的同时，还受较大的弯矩，造成连接杆受力破坏，两门板无法顶紧，出现了内部漏风的情况。

3）热一次风调节挡板门两侧轴封处漏灰严重的问题：

a.结构产生变形，形成间隙，造成漏灰现象。一方面，执行器安装位置不合理，对轴

承座产生较大的冲击，轴承座强度不够产生变形；另一方面，在重力和受热作用下，门板变形导致两端的轴同心度不好，与轴孔之间形成间隙。

b. 盘根室较小，影响密封效果。

c. 轴与盘根压盖轴环之间的间隙偏大。

（4）处理方式：

1）热一次风关断插板门在冷态及热态时不能开关自如，出现严重卡涩现象的问题：

a. 加大门板导向轮与框架之间的间隙，导向轮与框架间隙由 2mm 加大至 4mm（单边间隙）。

b. 细化工艺，注重细节处理，安排专人负责每个部件的工艺验收。

c. 导向轮焊接位置不符合图纸要求的原因是工艺交底不清，或者焊工没有真正理解工艺要求，验收时也发生了遗漏。要加强工艺交底和工序验收，保证在组装之前对所有问题进行消缺。

2）热一次风关断插板门内漏问题，整改方案有两种，需要做试验后再决定选择哪种方案：

a. 第一种方案：在两连接杆连接处加工螺纹，使用螺纹套管将两根连接杆连接起来，保证螺纹的加工精度。

b. 第二种方案：在连杆的一端增加螺纹调节功能，实现连接杆的长度调整，保证两个活动铰顶紧门板。

3）热一次风调节挡板门两侧轴封处漏灰严重的问题：

a. 将盘根压盖的板厚由 6mm 改为 8mm，并加大轴承座的尺寸和板厚，加大轴承座的承载能力，并保证合理的操作空间，方便安装和维修。

b. 增大盘根室，由四圈变成五圈，并在最外侧增加耐高温的密封垫。

c. 减小轴和盘根压盖轴环间的间隙，单边间隙由 0.5mm 减小至 0.3mm。

（5）需重点关注的问题：

1）设备在加工过程中要细化工艺，要求工人注重细节的处理，要求工厂加大对部件的检验力度。

2）设备选材合适，要加强设计审核，保证材料在应用时强度足够，避免在项目现场因为受力过大产生弯曲、变形等。

3）对于细节处要注重设计，并加大检验力度。

4）发现问题后要及时处理，对后续设备及时做出变更。

四、焊接质量问题

（一）锅炉钢结构焊接质量问题

（1）设备部件名称：锅炉钢结构问题。

（2）问题描述：某项目现场对锅炉钢结构进行了抽检，对成品垂直支撑的焊接外观质量进行检查，发现两垂直支撑的外观质量存在夹渣、密集气孔等严重缺陷。垂直支撑的焊接质量不合格。

（3）原因分析：供货商焊工技术水平差。

（4）处理方式：针对成品外观不合格，项目现场通知产品检验负责人与供货商质量负责人到项目现场：

1）责成供货商对项目现场成品外观进行全数检查，并对查出的缺陷进行整改。

2）要求供货商加强成品最终检验，避免今后类似问题发生。供货商对项目现场监造提出意见比较重视，当即对项目现场成品外观的复查与整改工作进行安排。对成品专职检验工的工作提出了明确要求。

（5）需重点关注的问题：

1）监理公司加强项目现场焊接监督管理力度，清退不合格焊工。

2）供货商加大对新进焊工的培训，培训合格后方可上岗。

（二）电除尘钢结构焊接质量通病

（1）设备部件名称：电除尘钢结构。

（2）问题描述：业主检验人员在供货商工厂进行了立柱、宽立柱、花散、灰斗等部件的检验，检验过程中发现了很多焊接质量问题，包括飞溅、漏焊、焊高不足、气孔、加渣、间断焊不满足图纸要求等，均为焊接质量通病。工厂重新进行消缺、补焊，耗费了大量的人力、时间。在随后进行的壳体横梁、花板纵横梁完成度检验中也发现了诸多焊接质量问题。

（3）原因分析：

1）供货商招募的焊工技能水平较低，虽然都有相应资质的资质证书，但实际操作水平不高。

2）工人责任心不强，不遵守焊接工艺规范。

3）供货商质量监管不严，没有按程序自检。

4）监理公司在分包商没有派人驻厂检验，监造管理缺失。

（4）处理方式：监造人员督促供货商整改，整改完成后，先通过实物照片确认，后到工厂进行预检，确认合格后，重新向业主报检，检验通过。总承包方后续要求供货商吸取教训，提高焊接工艺水平，严格执行焊接工艺，加强内部自检力度，避免类似情况的重复发生。总承包方组织专人与业主一起到供货商总部开会，就检验过程出现的各种问题进行了沟通交流，要求供货商高层重视焊接等质量工作，加强对分厂和外协厂的管理，提高质量检验的管控水平。

（5）需重点关注的问题：对于钢结构供货商，要在生产过程中加强实地巡检，及时发现焊接等质量问题，及时要求供货商整改，避免到正式检验时才发现问题，从而影响到设备的生产、检验进度。要求供货商更换不合格的焊工。监理公司增加检验人员，加大监造力度。

（三）暖风器壳体焊接粗糙，打磨处理不够问题

（1）设备部件名称：暖风器壳体。

（2）问题描述：在进行管程水压实验时发现低压加热器的壳体焊接十分粗糙，焊接处凹凸不平，打磨得不够平整，严重的地方出现视觉错口问题。对焊接处进行了打磨、凹处进行了补焊，此工作完成后再次做水压实验，目前设备已经运往项目现场并安装完毕。

（3）原因分析：

1）供货商的生产加工管理水平落后，供货商质检人员责任心不够，监督检查不到位。使得问题在业主检查时暴露出来。

2）暖风器壳体属于供货商的外购部件，供货商对外购厂管理方面存在缺陷，在质量检查点检查前没有专人监督检验。

（4）处理方式：

1）通过与供货商协商，认为在做水压试验前先把问题处理掉，对焊缝进行打磨、补焊。

2）要求供货商对此类问题引起关注，在以后的机组生产过程中不应该再出现此类问题。

（5）过程中需重点关注的问题：

1）需要供货商提高生产制造技术水平，严格按照标准规范执行。

2）督促主要分包商加强对其分包厂的质量监督和管理。

（四）给煤机叶轮焊接缺陷

（1）设备部件名称：给煤机叶轮。

（2）问题描述：监造人员在叶轮给煤机出厂检查时，发现叶轮爪焊缝高度不够、个别焊缝有气孔问题。

（3）原因分析：

1）供货商对分包设备质量控制不严，以包代管。

2）焊工责任心不强，技术水平差。

（4）处理方式：供货商对叶轮爪重新焊接，补焊后测量焊高符合要求。

（5）需重点关注的问题：

1）在采购时明确规定主要部件的生产商，一般不得分包。

2）质量检验计划中注明重要焊缝需做无损探伤检验。

五、外观质量问题

（一）锅炉钢架油漆颜色不统一、漆膜厚度不够

（1）设备部件名称：锅炉钢结构。

（2）问题描述：同一台锅炉不同分包商所供钢架颜色不统一，漆膜厚度达不到要求。

（3）原因分析：

1）未达到喷砂除锈标准。

2）油漆厚度达不到要求。

（4）处理方式：根据规范要求在项目现场除锈、刷漆。

（5）需重点关注的问题：

1）明确钢架颜色并统一执行。

2）在材料采购合同中明确钢结构的除锈方式及等级，明确防锈漆及面漆的遍数及类型。

3）出厂前严格执行验收、签字制度。

（二）末级过热器资料不全、油漆表面质量差

（1）设备部件名称：锅炉末级过热器。

（2）问题描述：监造人员对末级过热器进行完成度检验、油漆保存检验过程中，发现在涮油漆前的设备表面质量检验报告缺少、部分管排油漆外观不佳等问题。

（3）处理方式：

1）供货商按照相关要求，补充完善质量资料，做到与质量计划的要求相符。

2）对外观存在的问题进行整改。

（4）原因分析：

1）供货商在检验前没有按照质量计划的要求准备好相关资料。

2）供货商存在懈怠心理，认为在检验过程中不会要求这么严格。

（5）需重点关注的问题：

1）要加强对供货商及其分包商的管理，要求其重视质量计划。

2）总承包方人员要加强预检，避免此类问题的再次发生。

（三）钢结构油漆厚度不够

（1）设备部件名称：锅炉钢结构。

（2）问题描述：供货商对钢结构的油漆包装进行项目现场见证，发现靠近摩擦面附近有局部地方油漆厚度不够。

（3）处理方式：供货商进行重新补漆处理，使漆膜厚度达到要求。

（4）原因分析：

1）供货商喷漆工艺问题导致钢结构表面喷漆不均匀，部分区域厚度无法满足要求。

2）供货商质检不够严格，对油漆厚度缺乏有效的测量或测量点选取不当，没能及时发现问题。

3）生产人员缺乏责任心，对油漆厚度不足问题缺乏足够的重视，认为不是什么大问题，对于可能存在的生产工艺缺陷，在生产过程中也没有做到主动改正。

（5）过程中需重点关注的问题：需要加强对生产工艺的审核、对检验的控制，同时要求供货商增强对生产人员的培训，增强其责任意识。

（四）空气预热器钢结构发运前检验问题

（1）设备部件名称：空气预热器钢结构。

（2）问题描述：检验人员在空气预热器钢结构发运前检验中，发现检验通知单上设备名称和箱单、唛头中的设备名称不一致。

（3）处理方式：供货商改正了箱单、唛头上的名称，复检顺利通过。

（4）原因分析：

1）国际EPC项目中，由于英文翻译不统一，造成名称的多样化。

2）在报业主检验的时候，总承包方没能及时发现问题，导致检验失败。

（5）需重点关注的问题：

1）设备部件名称在图纸、箱单等要做到统一，做到一一对应。

2）国际EPC项目中，要注意设备名称的翻译问题。

3）总承包方在报检时，应加强提前检验。

六、性能及质量问题

（一）锅炉水压无法稳压问题

（1）设备部件名称：锅炉主蒸汽电动门。

（2）问题描述：锅炉第一次点火前打水压，当升压至工作压力稳压时，无法稳压，经检查发现锅炉主蒸汽电动门存在内漏问题。

（3）原因分析：主蒸汽电动门质量不合格，存在内漏。

（4）处理方式：供货商安排工代到项目现场进行处理。

（5）需重点关注的问题：

1）严格审核供货商的质量保证体系，并督促执行。

2）强化分包外购件的管理，对重要的分包外购部件应审核分包厂的资质情况。

3）加强外购件的进场检验，对有问题的部件应予以拒收。

4）重要分包外购部件要增加项目现场见证点，除进行文件见证外要进行项目现场抽样见证。

（二）锅炉水压试验泄漏

（1）设备部件名称：锅炉受热面。

（2）问题描述：锅炉汽水系统试验压力升至 21MPa 时，出现了多处泄漏，其中供货商制造原因产生的漏点 5 处，包括供货商焊口 1 处和管子砂眼 2 处、鳍片焊缝 2 处。

（3）原因分析：

1）厂内单组管排水压试验检查不认真。

2）供货商按照工厂常规做法对受热面管子进行生产和检验，按照检验比例未检查到的焊缝可能存在缺陷。

3）监理单位监督不到位。

（4）处理方式：

1）发现漏点后，在项目现场进行了换管或补焊处理，并联系工代确定泄漏的责任方。

2）查找图纸，分析泄漏的原因，制定处理方案。

3）联系锅炉厂检查同批设备的检查记录、原材料质量证明书和复检报告，可能是偶然因素造成的缺陷。

（5）需重点关注的问题：

1）车间检查时应仔细检查设备管子的外观和焊缝，不能有任何质量缺陷。

2）抽查工厂焊口的探伤记录和底片。

3）检查管子的材质证明书、复检报告、入场检验记录等，核对材质和规格符合图纸要求。

4）查看供货商的质保程序和执行情况。

5）锅炉厂把水压试验泄漏问题列为公司级重点质量控制项目，所有受热面管子出厂前100% 做水压试验。

6）督促监理单位履行职责，严格执行项目现场监督制度，总承包方应对监造单位设置考核点。

（三）磨煤机磨损事宜

（1）设备部件名称：磨煤机。

（2）问题描述：印度某项目机组在移交业主运行 2 个月后，发现一台磨煤机旋转分离器出口煤粉管道 3 号角已经被磨穿，因维持运行所需，项目现场在磨损处附一块厚度为 10mm 的碳钢板（6mm 的不锈钢板作为内衬）进行防护。后来经过总承包方与业主联合检查，发现其余磨煤机旋转分离器出口煤粉管道也都已经发生不同程度的磨损损伤。按照图纸显示，此处煤粉管道应为 10mm 厚的不锈钢管，其中磨损最严重的有 A 磨煤机 3 号角已被磨损至 6.8mm 厚；B 磨煤机 3 号角已被磨损至 2.5mm 厚；C 磨煤机 2 号角已被磨损至 3.2mm 厚；D 磨煤机 2 号角已被磨损至 5.8mm 厚；E 磨煤机 3 号角已被磨损至 3.8mm 厚。

打开磨煤机人孔门检查发现，侧机体内部防磨衬板均已发生大面积磨损，部分已脱落。煤粉气流冲刷侧机体壳体，造成壳体破损，一次风喷嘴也由于冲刷导致磨损严重。由于衬板兼具调整一次风喷口间隙的作用，目前衬板的磨损脱落，将会造成大量一次风在磨碗一次风喷口外侧泄漏，会不同程度地影响磨煤机出力。

经项目现场检测，目前磨辊辊皮及磨碗衬板磨损程度最为严重，辊皮磨损掉 38mm，磨碗衬板已磨损 37mm。

（3）原因分析：磨煤机设备磨损的具体原因尚不明确，以下为可能存在的问题产生原因：

1）磨煤机出口排出体磨损问题，分析认为气流分布与设计的管道材质有关。

2）磨煤机磨辊、磨碗衬板等内部结构件磨损问题，可能磨煤机运行的风量偏大，对磨煤机磨损有一定的影响；原煤中铁块会影响磨煤机的磨损。

（4）处理方式：

1）出口排出体材质由 1Cr18Ni9 改正为更耐磨的瑞钢。

2）供货商出具针对设计的材质（磨辊、磨碗衬板等）是否符合合同设计煤种寿命要求、设计材质是否与实际材质相符、实际材质是否能满足实际煤质的耐磨要求。

3）供货商提供机组运行调整方案，由项目部调整运行方式，以便磨煤机的运行工况符合磨煤机的安全运行要求。

4）后续机组调试、运行由供货商派遣专家到项目现场，指导磨煤机运行，直至质保期结束，以确保运行工况符合设计要求。

5）针对目前机组磨辊、磨碗衬板等磨损严重的情况，将后续机组相关部件运抵项目现场使用。

（5）需重点关注的问题：

1）设备的设计要充分考虑项目现场的实际情况，设备材质、选型要符合项目现场需求。

2）在检验过程中加强对材质的检验，要求实际使用材质同设计材质相符。

3）设备运行过程中要符合设备的设计运行要求，避免运行不当造成设备损坏。

（四）引风机转子磨损问题

（1）设备部件名称：引风机转子。

（2）问题描述：项目现场引风机在试运过程中，出现引风机叶轮叶片进气边、导流板、风机叶轮外壳内壁均发生非常严重的磨损现象，其中一片叶片发生自根部延伸性的磨损现象。

（3）原因分析：目前关于引风机叶片磨损的具体原因还不清楚，以下为可能存在的问题产生原因：

1）项目煤质较差，前期调试阶段电除尘投用时间短，烟气含尘量较高，导致烟气较长时间冲刷叶片的进气边，可能会在进气边形成微小的缺口或裂纹，并逐渐扩展，最终造成磨损。

2）业主对叶片表面进行冷涂耐磨材料，因该耐磨材料黏结强度不够，运行时整块剥落后击打在高速旋转的叶片上，较大的冲击力对叶片造成损伤后导致叶片磨损的可能性。

3）磨损区域的母材存在内在缺陷，如内部夹层、折皱等缺陷；此片叶片制造或焊后热处理工艺不当造成此处强度不足；焊接过程中焊接工艺控制不好造成热影响区强度降低等。

4）外物损伤此叶片，形成划痕，造成应力集中和疲劳损坏。

（4）处理方式：由于项目现场急需，同时不存在转子在项目现场修复的可行性，最终研究决定将另一机组引风机转子发至项目现场。

为保证新发送的引风机转子质量，在转子发送前，总承包方组织检验、焊接、检测专家到供货商工厂对新转子重新进行了检验，检验项目包括：

1）全部设备部件的外观。

2）轴承箱的解体检查、检修。

3）叶片母材 UT（超声波检测）抽检。

4）叶片连接焊缝外观检查及 UT（超声波检测）抽检。

5）转子部件的全部质量文件资料。

经过检验，新转子没有发现质量问题。检验完成后，新转子在总承包方和业主的共同见证下，检验顺利通过，新转子发送到项目现场。

（5）需重点关注的问题：在对转动类机械设备检验中，对设备选用的材质、焊接检验等要格外注意，同时应注重检验其静平衡试验、动平衡试验、超速试验等，并注意及时收集、保留检验证据。在发现问题后及时同供货商联系并保留相关问题原始资料。

（五）捞渣机运行中存在溢流问题

（1）设备部件名称：捞渣机。

（2）问题描述：捞渣机运行以来，由于捞渣机刮板、链条、链轮严重磨损，造成斜身段出现渣水回流，导致溢渣问题。

（3）原因分析：

1）捞渣机刮板、链条、链轮严重磨损。

2）斜身底部铸石出现断裂及裂缝，导致出现渣水回流、溢渣问题。

（4）处理方式：项目现场针对此问题进行了详细分析，并通过与供货商多次沟通来解决溢流问题。根据供货商所提供的意见，总承包方对捞渣机槽体处进行了加高，此方案进行过实施后，发现在增加槽体部分的位置积渣量明显增多，过多的积渣使捞渣机的负载明显增大。与此同时项目现场又采取了新的方案措施：

1）增加刮板数量，由每 8 个链环一个刮板变为每 6 个链环一个刮板。

2）在头部驱动链轮处增加了冲洗水，减小了驱动链轮与渣接触磨损。

3）因渣的流动性好，造成渣大量回流，引起槽体溢渣，项目现场根据负荷情况，适当调整了捞渣机运行速度，速度保持在 2~3m/min，不超过 3.5m/min。

通过上述几种方案的实施，目前捞渣机在满负荷时出现溢流情况比原来明显改善。

（5）需重点关注的问题：

1）设备选型要合理。

2）设备的设计要完善。

（六）风机动平衡试验曲线不合格

（1）设备部件名称：送风机。

（2）问题描述：第三方监造人员在见证送风机叶轮的调节力试验结束后，发现试验电线不合格。

（3）原因分析：供货商未进行预先试验，试验人员没有做好充分准备。

（4）处理方式：供货商 8 月 3 日确认为试验曲线不合格，当即停止进行动平衡和调节力试验。

根据试验情况，供货商提出改变调节臂位置，重新进行试验的方案。由于改变调节臂的位置，势必造成轮毂平衡破坏，动平衡试验也需重新进行。送风机叶轮调节力试验不合格后，供货商按确定的调整方案进行了调整，将调节臂高度从64mm调整至58mm，插头角度从15°调整至24°。经过两次调整试验后，调节力试验合格。

（5）过程中需重点关注的问题：

1）督促供货商试验先自检，在自检合格后方可通知总承包方或业主见证试验。

2）在合同中明确重要的性能试验项目。

（七）灰库系统设备磨损

（1）设备部件名称：灰库系统设备。

（2）问题描述：设备制造工艺差；铭牌错误；所提供的备品备件不能满足质保期运行要求，包括轴承、轴承座、搅拌机叶片等；搅拌机叶片、轴承、轴等磨损严重；双轴搅拌机轴承与轴、齿轮与轴的尺寸不符。

（3）原因分析：根据合同要求，搅拌机叶片使用寿命不小于10000h，但是项目现场叶片实际不到一年就出现严重磨损，叶片质量存在问题；双轴搅拌机轴承与轴、齿轮与轴的尺寸不符造成轴承出现损坏现象。

（4）处理方式：通过与供货商协商，供货商同意补供部分损坏部件以供项目现场更换，保证系统正常运行。

（5）需重点关注的问题：

1）搅拌机叶片端部应选用复合高强度耐磨材料。

2）轴承的结构应能防止润滑油流失或外部物件进入。

3）供货合同中需明确设备寿命及性能指标。

（八）燃油泵房油泵振动过大

（1）设备部件名称：轻油供油泵。

（2）问题描述：在锅炉吹管期间，燃油泵房的轻油供油泵B、C振动大。项目现场人员测量轻油泵的振幅是0.04mm，振速为6.9 mm/s；业主测量的振速数据是30in/s（12.2 mm/s）和48in/s（7.62 mm/s）。对两台振动较大的轻油供油泵在项目现场进行了调整，目前的振动仍在4.1mm/s左右，基本满足合同要求。

（3）原因分析：油泵制造精度方面存在质量缺陷，支撑轴承固定不牢固；业主、总承包方测量评价泵类振动的标准和测量方式不同，业主依据VDI2056《轴承座振动标准》测量振速，而我国国内一般通过测量振幅来评价泵的振动水平。

（4）处理方式：总承包方多次联系供货商，排查了泵的制造过程因素，分析了国内外振动标准的适用范围、评定参数等不同，积极协助项目现场处理，以达到合同要求。在项目现场锅炉施工处对轻油供油泵泵B、C进行了排查。

1）检查油泵底板的地脚螺栓的紧力，未发现有松动现象。

2）对油泵与电动机的同轴度进行复查，复查结果符合供货商说明书的要求。

3）解开连接油泵的进出油管道，对管道与油泵的本体进行检查，检测在安装管道时，是否有外力作用在泵体上，检查结果显示外接油管无外力加在泵体上。

4）检查泵体的推力轴承，拆下推力轴承清洗，检查轴承的外观质量，无缺陷。

5）检查推力轴承与推力板之间的间隙，验证是否由于推力轴承在工作时承担过大的推力而引起的振动，在推力轴承和推力板之间加0.1mm的垫片后试车，振动依旧，然后分别增加0.15、0.20、0.25mm直至增加到0.5mm，试车时振动值也无变化，排除了推力轴承承担过大的轴向推力所致。

6）检查泵体的吸入及吐出端的轴承，对两个轴承的顶间隙及两个轴承的安装紧力进行检查，符合泵安装检修标准。

7）在泵启动时检查吸入管道和排出管道的振动值，排除因外力振动引起泵的振动。上述的检查基本上排除了因安装和运输的原因造成的泵的振动。

8）在做完上述检查后，油泵的振动依旧无减少的趋势，用振动表对油泵的本体所有位置及管道的振动做了全面的检测，发现振动源于油泵的 U 形支承，逐渐扩大到油泵的两个轴承的支承处。试探性地用安装用的斜垫铁对油泵的 U 形支承进行加固，随机用振动表测量油泵的振动，发现油泵的振动值明显地在减小，说明油泵的 U 形支承刚度不足，问题得到解决。

（5）需重点关注的问题：供货合同中技术要求应与主合同的规定一致，主合同及供货合同尽量采用国际通用标准，泵类检验中注意检查轴、轴承的制造精度，装配时各部件间隙达到优良标准，转动部件应尽量在厂内做动、静平衡试验。

七、资料问题

（一）原材料无 IBR（India Boiler Regulation，印度锅炉规程）证书

（1）设备部件名称：锅炉原材料。

（2）问题描述：问题出自某印度项目，由于印度项目锅炉设备需要进行 IBR 认证。在项目开展前期，锅炉厂使用了部分库存材料（主要是水冷壁及过热器管材），这些材料在生产厂时没有经过 IBR 认证，不符合项目要求。

（3）原因分析：使用早期库存材料，产品未经过 IBR 认证。

（4）处理方式：总承包方多次与业主沟通，由授权检验机构对材料进行再检验及资料审核。

（5）需重点关注的问题：IBR 标准明确规定了原材料的检验工作应该在管子生产厂进行，但实际执行起来非常困难，可操作性差。国内管材的通常做法是生产完成后按照炉号进行取样，送有资质的材料实验室进行检验，取样及实验过程由 IBR 授权检验机构进行监督检验，合格后签发 FORM III-A 证书。但是对于进口的管材，如果原材料供货商没有进行检验则无法补签 FORM III-A，给工作造成被动。在以后的检验中，总承包方应当做到：

1）加强 IBR 前期的交底及培训工作，使从业人员明确应该进行哪些检验，最终提供哪些资料。

2）发现问题及时与 IBR 授权检验机构进行沟通，在不降低质量要求的前提下，积极寻求其他的解决办法。

3）充分与业主沟通，交流中国生产企业存在的现状，并制定符合现状要求的措施。

（二）RT（射线检测）底片无日期

（1）设备部件名称：锅炉设备。

（2）问题描述：在对工厂的 RT（射线检测）底片时发现 RT（射线检测）底片上没有拍片日期，因此，无法确定底片的真实拍摄时间及部件。

（3）原因分析：操作人员图省事，在拍摄 RT（射线检测）拍摄底片不按照规范和标准要求加入时间编码。

（4）处理方式：对于未加入时间的 RT（射线检测）片要求重新探伤拍片，并在新探伤

底片上加入时间编码，对拍摄底片人员进行警告处分。

（5）需重点关注的问题：

1）RT（射线检测）底片作为重要检查文件，其结果很重要，供货商应严格按照标准和规范要求在拍片时加入时间码，确保资料的真实性和正确性，加强对员工的操作培训。

2）检验人员在检验时注意相关产品编码、时间等应与射线记录文件的对应。

（三）锅炉安全阀资料问题

（1）设备部件名称：锅炉安全阀。

（2）问题描述：某项目业主进行锅炉7只安全阀的检验时，提出2只8寸电动闸阀的资料是为其他项目出具的，且FORM-IIIG证书中"主要尺寸""化学成分"的信息没有填写，不予接受。另外5只阀门，提出缺少FORM-IIIG证书。针对上述问题出具NCR（不符合项报告），要求整改。

（3）原因分析：此项目锅炉厂从美国采购的安全阀每台炉7只，6台炉，共计42只。每台炉包括的具体型号、数量如下：

1）6寸电动闸阀2只。

2）8寸电动闸阀2只。

3）8寸气动闸阀1只。

4）20寸电动闸阀1只。

5）24寸止回阀1只。

其中8寸电动闸阀的采购合同签订时间较晚，由于工期非常紧张，供货商的生产周期不能满足交货期的要求，通过相关部门协调，借用了另一个印度项目已经制作完成了的6只相同的阀门，分别用于本项目3台炉，每台炉2只。

由于这6只当初是为其他项目制作的，所以相关内部检验记录、IBR资料都是为另一项目出具的，相关资料上的项目名称、工作压力、温度等参数也是填写的另一项目的内容。

锅炉2只8寸电动闸阀检验时，由于项目现场水压工期临近，急需阀门到场，检验时，业主并未提出异议，没有指出资料方面的问题，阀门顺利通过检验，发运项目现场。

（4）处理方式：总承包方向业主发函，对业主提出的NCR进行了澄清并补充了5只阀门的FORM-IIIG证书，但关于2只8寸电动闸阀，告知业主由于阀门已生产时间较长，很难联系相关方进行资料修改。

业主对总承包方解释不接受，业主认为：用于该项目的阀门，其IBR资料及相关图纸、计算书等资料都应该是针对该项目的，目前这种资料按其他项目出具的做法是不能接受的。

总承包方联系供货商，要求供货商将2只阀门的IBR资料改成本项目的，但由于图纸、计算书、FORM-IIIG证书等资料都需要进行修改，工作量较大，供货商反复修改，提交了多次。

总承包方重发检查通知，将5只阀门单独进行报检。但业主要求供货商提供一份证明函，列明全部阀门的序列号，声明该部分阀门确由该厂生产。总承包方将业主的要求反馈给供货商，供货商对此做法很不理解，证明函迟迟拿不到。

由于该部分阀门为项目现场急需，最终进行了发运。项目现场与业主开会讨论，7只安全阀将在项目现场由第三方检验机构进行UT（超声波检测）。

（5）需重点关注的问题：在同意进行调换时，应该及时要求供货商对阀门的图纸、计算书、FORM-IIIG证书等资料进行修改，取得上述资料后，再对设备进行报检。虽然本次调换是以高规格代替低规格，但印度 IBR 标准讲究实物与资料的一致性，且该项目业主非常重视 IBR 工作，资料审查非常仔细，经常以 IBR 资料不齐全、不符合标准要求为由，出具不符合项报告。总承包方应加强 IBR 标准的学习，加强对 IBR 范围内设备材料供货商的交底，加强对 IBR 资料的预审，提早发现问题，避免到检验时，由业主方提出问题，而耽误检验的进行，进而影响到设备材料的发运。

（四）业主要求在 FORM-IIIG 证书中注明原材料管道用于设备的"设计温度、设计压力"问题

（1）设备部件名称：锅炉设备。

（2）问题描述：某项目业主在多台机组的多个锅炉受热面部件的过程检验中，以"FORM-IIIG 证书中需注明原材料管道用于的设备的设计温度、设计压力"为由，出具多份不符合项报告。

（3）原因分析：在受热面原材料 FORM-IIIG 上，注明对应受热面部件的设计温度和压力，需要供货商与钢厂配合协作完成，供货商方面表示困难很大。由于供货商原材料是集中采购，但有多个项目在同时制作生产，而且不同的受热面部件（不同的设计温度、压力）会采用相同材质、规格的材料。这样很难把哪批炉号的什么材质、规格的原材料与哪个项目的哪个受热面部件对应起来。

（4）处理方式：经开会讨论建议：在原钢厂相关 FORM-IIIG 证书背面加注实际使用的部件号，并约定业主给予回复。但之后业主迟迟未给予正式答复。

此后，业主给总承包方发函表示："不能接受总承包方的建议，因为 IBR 清楚地要求使用同样的格式及用于相同的地点。"

总承包方给出了如下相关意见：采用经过认证机构批准的在 FORM-IIIG 证书背面加注的方式即可，代理机构作为 IBR 的代理可以做出决定而不需要业主批准，不需要在 FORM-IIIG 证书上注明设计温度、压力，只是业主认为要加注。

通过多次与业主沟通，业主最终表示同意原材料管道 FORM-IIIG 表背面注明压力和温度。

（5）需重点关注的问题：IBR 标准有的地方虽规定明确，但实际执行起来非常困难，可操作性差。对于该问题，在别的印度项目上，业主方、CIB 等方面都没有提出在 FORM-IIIG 证书上注明"设计温度、设计压力"，只注明"applicable temperature/pressure"即可。本项目业主 IBR 工作参与程度高，由于业主资金问题，有时候 IBR 问题成为业主阻碍检验、拖延设备发运的重要工具。

（五）锅炉 MQ（缺损材料）管道检验资料问题

（1）设备部件名称：锅炉备品管件。

（2）问题描述：某月发运了一批锅炉 MQ 管道，但相关 IBR 资料没有提供给业主审核。后来，业主工程师出具不符合项报告，具体内容为内部检验报告没有提供、监理公司见证水压试验报告没有提供、相关 IBR 资料和 DCL 没有提供。需尽快逐条落实，收集相关资料，重新报检。

（3）原因分析：

1）该 MQ 涉及管道共计 11 项，用于锅炉各受热面，属 IBR 认证范围。管道种类相对较多，资料收集相对困难。

2）供货商态度不积极，由于资料并未影响设备的发运，所以供货商对资料收集不重视。

（3）业主对 IBR 资料审查异常严格。

（4）处理方式：

1）供货商承诺提供 IBR 所要求的全部资料及第 3 方出具的 DCL（放行单），但供货商未能如期提供。

2）总承包方给供货商发函，要求供货商尽快按会议纪要提供相关资料，但供货商一直未给予响应。

3）其后，业主先后发来多封催函敦促总承包方尽快提交相关 IBR 资料，总承包方通过电话、邮件、信函多次进行催交，供货商方面均未予积极响应。直到最终供货商提供了资料，转发给业主后，业主又来函针对所提资料提出了若干问题。现已将业主问题转供货商，需继续跟踪督促。

（5）需重点关注的问题：供货商不重视 MQ 部件的资料工作，很多都久拖不决，需要及时督促，或者通过采购等部门向供货商施加压力，协助资料收集。

（六）正压除灰设备蝶阀阀板材质变更问题

（1）设备部件名称：正压除灰设备。

（2）问题描述：业主检验人员对正压吹灰设备蝶阀进行检验时发现，质量计划中蝶阀阀板材质为 WCB，阀杆材质为 2Cr13，而实际选用材质均为 SUS304，与质量计划不符，因此出具不符合项报告。

（3）原因分析：供货商的产品设计在签订质量计划后，进行过升级，用性能更好的 SUS304 代替原来设计的 WCB、2Cr13。

（4）处理方式：总承包方通过正式信函向业主进行了技术澄清，提交了相关材料准备，业主认可了材质的更换，问题得到解决。

（5）需重点关注的问题：合同执行阶段，在设备加工制造过程中，由于某些原因发生设计变更的，要及时与供货商进行沟通，确定已签订质量计划是否可以继续执行，如不能执行，要在检验前，事先及时向业主方进行澄清，变更并升版质量计划，保证检验时，可以按质量计划执行。

八、管理及其他问题

（一）空气预热器扇形仓运输损坏问题

（1）设备部件名称：锅炉空气预热器。

（2）问题描述：锅炉空气预热器扇形仓在印度港口发运至项目现场期间，发生车辆倾翻，至扇形仓严重变形事故。

（3）原因分析：扇形仓较高，运输时未严格封车，加上运输路面不平整，导致车辆倾翻。

（4）处理方式：通过在项目现场修复、校正，变形扇形仓均已经过修复，设备在项目现场安装到位。

（5）需重点关注的问题：

1）运输过程中要严格按照要求进行封车。

2）要求运输商谨慎驾驶。

（二）质量计划所列标准不准确导致检验失败

（1）设备部件名称：斗轮机设备。

（2）问题描述：总承包方在对斗轮机皮带的检验过程中，发现质量计划书上的标准是GB/T 10595—2017《带式输送机》，而设备在实际生产过程中所用的标准应是GB/T 10822—2014《一般用途织物芯阻燃输送带》。

（3）原因分析：

1）供货商签订质量计划人员对相关标准不熟悉。

2）在实际生产后，没有及时更新质量计划。

3）供货商检验人员按照常理生产，在执行项目过程中忽视质量计划。

（4）处理方式：

1）针对设备生产过程中按照哪项标准同供货商再一次确认。

2）供货商向业主进行解释说明，并提交相关的标准，打消业主疑虑。

（5）需重点关注的问题：

1）质量计划签订过程中，一定要求供货商严谨，根据生产过程如实填写。

2）质量计划确定后若有变动应当及时升版，避免因此造成的困难。

3）督促供货商人员在生产过程中一定对照质量计划，核实是否符合。

（三）材质证书所列执行标准与质量计划上要求的标准不一致问题

（1）设备部件名称：滚轴筛。

（2）问题描述：检验员到厂检查发现，滚轴筛部件轴架的材质证书上所列执行技术标准为SDZ 012—1985《灰铸铁件通用技术条件》，而质量计划所列的应执行的技术标准为JB/T 5000.6—2007《重型机械通用技术条件　第6部分：铸钢件》，两者不一致，检验员出具不符合项。

（3）原因分析：

1）供货商在签订质量计划时存在失误，滚轴筛不属于重型机械，其轴架不需执行重型机械铸钢件的技术标准。

2）直到业主方检验前，供货商均没有主动提出材料标准适用不当的问题，造成检验不通过，影响到了检验和设备发运进程。

（4）处理方式：要求供货商发函进行澄清，说明轴架部件材料标准变更的原因。将供货商的澄清函转发业主，同时向业主提供两个标准。业主接受了澄清，关闭不符合项。

（5）需重点关注的问题：

1）在讨论签订质量计划时，要求供货商务必仔细核实其所执行标准，避免因疏忽大意造成影响检验的情况。

2）要求供货商在生产过程中，当其发现实际生产过程与质量要求不相一致时，务必及时联系并进行相应的处理，避免把问题拖到最后，直到检验时被业主发现，从而影响到检验和发运。

（四）电除尘低压控制系统的性能试验缺少输送灰尘和灰斗振动的控制功能

（1）设备部件名称：电除尘低压控制系统设备。

（2）问题描述：在低压控制系统的性能试验中发现，其缺少质量计划中标明的无灰输送和灰斗振动的控制功能，与质量计划中的要求不符。

（3）原因分析：

1）质量计划签订人员对设备不了解，对所要做的试验不了解。

2）工厂质检人员没有参照质量计划对设备进行审核。

（4）处理方式：

1）通过向业主澄清，灰尘输送的功能属于正压除灰设备，电除尘中无此方面的功能要求，同时也讲明了无灰斗振动测试的原因。

2）通过向业主进行解释、澄清，业主同意没有此两项试验内容，问题关闭。

（5）需重点关注的问题：

1）质量计划的签署一定要得到供货商质保、技术人员的确认。

2）生产过程中要参照质量计划的要求，如有不符要及时改正并升版质量计划。

（五）称重给煤机性能试验问题

（1）设备部件名称：称重给煤机。

（2）问题描述：在对机组称重给煤机性能试验的检验过程中，供货商无法依据质量计划中"在不同速度的煤流中进行标准和重复性试验"一项进行试验，从而导致检验失败。

（3）原因分析：

1）供货商在签订质量计划的时候考虑不周全，用煤流来进行称重给煤机的检验在项目现场可以进行，如果在工厂进行，因不具备检验条件而无法完成。

2）检验前没有发现问题。工厂条件不具备无法进行试验的问题应该在检验前就能发现，但供货商没有发现问题或者是发现了问题没有同总承包方及时反馈、沟通。

（4）处理方式：

1）要求供货商向业主澄清，说明工厂不具备用煤流测试条件，根据厂内标准，相关检验应该用砝码来代替执行。

2）通过向业主澄清，用砝码代替煤流进行试验，最终获得业主认可。

（5）需重点关注的问题：

1）在讨论签订质量计划时，要求供货商务必仔细核实其所执行标准和操作情况，避免因疏忽大意造成影响检验的情况。

2）修改质量计划中关于此项检验的相关条款，避免在后续几台机组的设备检验中出现同类问题。

3）要求供货商在生产过程中，当发现实际生产过程与质量要求不相一致时，务必及时联系总承包方，进行相应的处理。

第二节 汽轮机专业设备

一、原材料问题

（一）产品材质与质量检验计划（ITP）中注明的材质不一致

（1）设备部件名称：低压加热器管板。

（2）问题描述：检查发现低压加热器管板材质与ITP中注明的材质不符，ITP中材质为SA 516，实际使用的材质为SA 266。

（3）原因分析：签订ITP时低压加热器的设计图纸还没有完成，供货商与总承包方以及业主签订的ITP是常规情况下设备的检验情况，需要在产品设计完成后进行一一确认。供货商在设计完成产品材质确定后没有及时将相关变更信息告知，检验时出现问题。

（4）处理方式：供货商、总包商、业主方三方升版 ITP，重新报检关闭此问题。

（5）需重点关注的问题：供货商与总承包方人员保持密切联系，对于生产中实际与 ITP 不符的情况及时与总承包方及业主方人员沟通，必要时对 ITP 进行升版，确保 ITP 中内容与实际产品的符合性与正确性。

总承包方监造人员前往供货商检查时及时向相关部门了解设备是否存在变更并查看终版图纸，确保检验要求准确。

（二）ITP 中循环水泵壳体材质与设计不符

（1）设备部件名称：循环水泵壳体。

（2）问题描述：业主在检查时发现循环水泵壳体材质与质量检验计划（ITP）中要求不一致。

（3）原因分析：质量检验计划签订时，循环水泵的最终设计还未完成，供货商按照常规填写材质。

（4）处理方式：根据循环水泵最终设计图纸，升版 ITP，将设备壳体材质修改成图纸要求。

（5）需重点关注的问题：质量检验计划尽可能在设计完成后再签署，如遇到特殊情况，应在设计完成后及时对质量检验计划进行修改升版。

（三）到货垫片材质与采购要求不符

（1）设备部件名称：汽轮机润滑油系统。

（2）问题描述：技术协议要求阀门配供聚四氟乙烯垫片，实际到货阀门垫片为金属石墨缠绕垫片。

（3）原因分析：供货商供货错误，所供设备、材料与技术协议不符，总承包方人员未进行发运前检查。

（4）处理方式：向供货商发 MQ 单，要求其重新供货。

（5）需重点关注的问题：加强发运前检查，重点检查技术协议的符合度，避免类似问题的发生。

（四）高、中压缸部分合金钢部件材质与设计不符

（1）设备部件名称：汽轮机本体。

（2）问题描述：汽轮机高中压缸部分合金钢部件材质与图纸要求不符，设计材质为合金钢，实际材质参数比设计值低。

（3）原因分析：供货商对部件原材料控制不严格。监造中未加强对原材料的检查。

（4）处理方式：协调供货商就出现的问题进行分析并提供解决方案，供货商评估后出具暂时维持现状，待大修时更换处理的意见。

（5）需重点关注的问题：

1）监造过程中对照技术协议中材质要求，重点检查合金钢部件的原材料证明是否与要求相符。

2）加强合金钢部件生产完成后的光谱复查工作，避免错误材料用于设备。

二、外购件问题

（一）汽轮机冷油器六通阀密封不严

（1）设备部件名称：汽轮机冷油器六通阀。

（2）问题描述：机组启动时，六通阀无法进行正常隔离。

（3）原因分析：此类型阀门在生产质量和选型上存在问题：

1）产品选型不当。

2）产品质量存在问题。

（4）处理方式：供货商提出两种解决方案：

1）待大修期时更换密封圈，目前维持现状运行。

2）采购新一代六通阀，发运到现场后择机更换。

（5）需重点关注的问题：

1）加强设备监造，把六通阀出厂严密性试验检查作为现场见证点，把设备质量问题消除在制造厂。

2）签订合同时在技术规范书中明确六通阀的性能要求，确保产品型号满足系统安全运行要求。

（二）润滑油输送泵底座与设备基础偏差问题

（1）设备部件名称：润滑油输送泵。

（2）问题描述：在项目现场发现贮油箱和主油箱润滑油输送泵外形尺寸与设计院设计图纸不符，设备无法就位、管道无法根据设计安装，并且油泵基础已浇筑。

（3）原因分析：润滑油输送泵是工厂外购件，工厂由外购件工厂取得的泵外形设计图错误，在向设计院提交资料时提交了错误的资料，导致设计的基础与泵不匹配。

（4）处理方式：供货商向设计院提供正确的外形图，设计院重新进行基础设计。对于已浇筑完成基础，进行土建图纸变更，对相应的管道接口位置进行变更。

（5）需重点关注的问题：

1）签署订货和设计合同时，要求供货商（包括其分包商）根据审核批准的资料向设计院提交配合图，避免用草图或其他非最终图纸作为依据进行设计。

2）召开设计联络会时，重点检查双方配合资料的有效性，避免提交资料错误造成的设计错误。

3）聘请设计监理进行审核把关。

（三）开式泵出口法兰处裂纹

（1）设备部件名称：开式泵出口法兰。

（2）问题描述：开式泵在运行过程中泵体出口法兰处出现裂纹。

（3）原因分析：设备材质选择不当导致法兰产生裂纹。

（4）处理方式：铸铁材质更改为铸钢材质。对后续设备出口法兰根部进行PT（渗透检测）检验。

（5）需重点关注的问题：

1）加强设备的设计审核，确保设备选材满足使用要求，在监造检验过程中重点加强检查。

2）加强铸造件外观检验以及焊缝的探伤检验，及时发现焊接不当产生的裂纹并及时处理。

（四）循环水清污机超声波液位计故障

（1）设备部件名称：循环水清污机超声波液位计。

（2）问题描述：超声波液位计探头在使用过程，经常有一个或多个检测不到液位，造成液位高报警。

（3）原因分析：该项目使用的新型产品存在质量问题。

（4）处理方式：对问题产品进行了采购替换。

（5）需重点关注的问题：尽可能采用成熟产品，对于新产品、新技术的应用，需要有可靠应用的案例。

三、加工尺寸、工艺类问题

（一）问题名称：汽轮机低压 B 转子轴窜量小

（1）设备部件名称：汽轮机低压转子。

（2）问题描述：某项目汽轮机，根据供货商 B 缸通流间隙图，低压 B 缸轴向通流间隙最小值为 27mm（转子向发电机侧窜动时），但低压 B 转子轴窜测量向发电机侧推至 20mm 时，发电机侧第二级隔板与转子第一级叶轮、第三级隔板与转子第二级叶轮相碰，并且相碰处图纸中未标注数据。另外，经实际测量低压 B 转子轴向定位 H 值符合图纸要求、所有轴向通流间隙也满足供货商设计值。

（3）原因分析：隔板机械加工尺寸不符合图纸设计要求，过程检查中未发现超差，出厂总装检查时未发现问题。

（4）处理方式：项目现场打磨低压缸发电机侧第二、三级隔板进汽侧 R 角，满足 B 低压转子发电机侧轴向窜动量 27mm 的要求。

（5）需重点关注的问题：加强汽轮机出厂总装环节的检查，避免问题产品出厂。

（二）主油箱内部小管道布局乱、内部清洁度差

（1）设备部件名称：汽轮机主油箱。

（2）问题描述：

1）主油箱内部小管道布局凌乱，悬空管道无支撑、无固定。

2）主油箱内部管道焊缝存在焊渣。

3）主油箱内部整体清洁度不合格。

（3）原因分析：

1）油箱内部为隐蔽位置，供货商检查人员检查不到位，施工工人素质低，未按工艺施工。

2）供货商的生产图纸对油箱内部管道的布置与固定支撑没有明确规定，工厂制造过程中按习惯进行加工，没有硬性的工艺要求。

（4）处理方式：供货商对主油箱内部管道重新进行设计，悬空部分增加固定支撑，对管道焊接处进行补焊，完成整改工作后对油箱内部进行彻底清理。

（5）需重点关注的问题：

1）管道施焊应采用氩弧焊，保证管道内外壁清洁度。

2）在油箱制造开始前，要求供货商重视工艺设计。

3）加强设备监造，把油箱内部清洁度检查设置为现场见证点，确保油箱内部清洁度和

管道安装满足标准要求。

（三）凝汽器管隔板与端板同心度偏差

（1）设备部件名称：凝汽器。

（2）问题描述：项目现场在凝汽器穿管时发现局部管隔板与端板的同心度出现了较大的偏差，影响穿管的顺利进行，局部管子受力较大。

（3）原因分析：

1）凝汽器端板采用的是不锈钢爆炸复合生产技术，端板为供货商外协单位生产，凝汽器中间管隔板是供货商本厂生产，不同生产单位钻孔存在配合公差问题。

2）供货商采用老式摇臂钻钻孔，极易产生位置错位、孔距偏差问题。

3）检验工作做得不细，未检查到存在的问题。

（4）处理方式：已安装设备由供货商出具不合格品回用单，向业主方出具质保责任书，延长质保期，业主方让步接收。其余已产成尚未发运的凝汽器管板在供货商进行同心度检查，不合格品进行报废处理，重新生产制造。

（5）需重点关注的问题：

1）加强生产加工阶段的监督检查，发现不合格品后及时要求供货商返工处理。

2）端板和隔板由同一家工厂生产，将有效避免公差大的问题。

（四）给水泵汽轮机地脚螺栓尺寸偏差

（1）设备部件名称：给水泵汽轮机。

（2）问题描述：安装给水泵汽轮机时发现地脚螺栓短，经核对土建与供货商安装图纸，发现给水泵汽轮机前后轴承座基础底部厚度比两侧厚 200mm。

（3）原因分析：设计院向供货商提交了土建基础设计图后，供货商没有仔细审图，导致加工和供货错误。

（4）处理方式：供货商补供长度符合要求的地脚螺栓，后续生产的地脚螺栓按照土建基础设计图加工。

（5）需重点关注的问题：设计联络会做好交底工作，避免类似问题的发生。

（五）凝结水泵基础台板与筒体法兰螺栓孔不同心

（1）设备部件名称：凝结水泵。

（2）问题描述：凝结水泵安装时，发现泵底板与泵筒体台板螺栓孔不同心，导致部分螺栓无法安装。

（3）原因分析：供货商钻孔划线时，尺寸产生了偏差，在没有复查螺丝孔相对尺寸情况下进行加工。由于凝结水泵在工厂性能试验时，底板不与筒体台板组装，问题未被及时发现并带到了项目现场。

（4）处理方式：供货商提供扩孔处理方案，现场扩孔解决问题。

（5）需重点关注的问题：

1）问题出现后及时发函给供货商，要求采取纠正与预防措施，避免类似问题的再次发生。

2）设备加工完成后，加强台板螺栓孔与图纸要求尺寸符合度的检查，避免不合格品出厂。

（六）氢气纯度检测装置接口与图纸位置不符

（1）设备部件名称：制氢站设备。

（2）问题描述：氢气纯度检测装置实际接口与设计院系统图中标注位置不一致，装置上只有进气口、校验口 2 个接口，而图纸设计有 6 个接口。

（3）原因分析：设计院出设计图时，参考的不是供货商最终版的设计图纸，供货商供货的是新设备，而提交设计院的是老型号设备图纸。

（4）处理方式：供货商与设计院确认新的接口方式后由设计院出具设计变更。

（5）需重点关注的问题：设计院出设计图必须依据供货商提交的经审核的最终版设备供货商设计图，有时为了满足项目现场土建安装需要，会依据以前的经验提前出现场设计图，遇到这种情况，应做好记录，等获得供货商最终版图纸后，升版现场设计图。

四、焊接质量问题

（一）凝结水精处理 / 树脂分离塔垫板漏焊、罐体外观焊缝超标

（1）设备部件名称：凝结水精处理高位分离塔。

（2）问题描述：

1）罐体有部分垫板漏焊。

2）环焊缝标准要求偏差小于 2.2mm，实际偏差是 5mm。

3）焊缝外观有凹坑、划痕、锈蚀。

（3）原因分析：供货商没有按照标准生产，存在局部超标问题。

（4）处理方式：供货商根据标准要求返修。

（5）需重点关注的问题：

1）规范供货商焊接规程，加强第二方审核。

2）加强过程中的检验，提前发现和解决问题。

（二）化水系统储气罐焊缝漏焊

（1）设备部件名称：罗茨风机储气罐。

（2）问题描述：化水酸碱库区的一台罗茨风机试转时发现储气罐底部支架位置漏气，经查，储气罐底部支架位置有一条焊缝没有焊完。

（3）原因分析：

1）供货商焊接人员工作责任心差。

2）储气罐出厂前未进行气密试验。

3）设备监造人员对供货商质量控制不到位。

（4）处理方式：现场补焊处理。

（5）需重点关注的问题：

1）要求供货商加强内部管控，增设储气罐气密试验检验项。

2）设备监造人员加强质量管控力度。

（三）除氧器焊缝外观缺陷

（1）设备部件名称：除氧器。

（2）问题描述：在项目现场发现除氧器中部位置有一处较明显缺陷凹坑。

（3）原因分析：

1）供货商对除氧器焊缝外观质量不重视。

2）供货商没有严格执行工艺标准。

（4）处理方式：在项目现场打磨后进行补焊处理。

（5）需重点关注的问题：

1）要求供货商加强分包商的管理，并制定防范措施，避免类似问题的发生。

2）加强生产过程监督检查，及时发现和处理问题。

五、设备外观质量问题

（一）凝汽器换热管损坏

（1）设备部件名称：凝汽器换热管。

（2）问题描述：换热管运达项目现场后发现表面被污染，管道变形，无法使用。

（3）原因分析：

1）设备包装达不到安全防护的要求，使用木箱包装且包装箱板较薄，框架角铁规格小、强度低，强度不足。

2）包装防水、防腐蚀措施不足。

（4）处理方式：重新采购换热管替换损坏的管子。

（5）需重点关注的问题：项目设备需要长途运输并多次倒运的，凝汽器换热管宜采用铁箱包装且应做好防水措施。

（二）汽轮机主油箱内部油漆脱落

（1）设备部件名称：汽轮机主油箱。

（2）问题描述：汽轮机主油箱在现场进行油循环时，发现内部防锈耐油漆大片脱落，影响油的品质。

（3）原因分析：涂漆时油箱内壁清理打磨不达标或涂漆时内表面干燥程度不达标，油漆附着力差。

（4）处理方式：打磨油漆脱落部位，对内壁进行干燥处理后重新涂漆。

（5）需重点关注的问题：

1）对于系统清洁度要求高的油系统、除盐水系统设备的内壁油漆、衬胶等涂装环节，要加强内表面涂装前清洁度的监督检查，避免因清洁度不达标造成的附着力差的现象。

2）加强设备的储运防护，避免高温、阳光直射，以免巨大温差原因造成产品变形，涂装脱落。

（三）给水泵汽轮机转子端部汽封齿损坏、转子叶片弯曲

（1）设备部件名称：给水泵汽轮机转子。

（2）问题描述：转子端部汽封齿损坏、转子叶片弯曲。

（3）原因分析：供货商包装过程中选用固定点不当，造成转子端部汽封齿损坏、转子叶片弯曲。

（4）处理方式：把损坏的部分剔除后安装新的汽封齿，弯曲的叶片在现场加工修复。

（5）需重点关注的问题：需加强设备包装和运输过程中防护，对于特殊设备要求供货商编制有针对性的包装方案，确保产品安全。

（四）给水泵汽轮机转子轴颈表面锈蚀严重

（1）设备部件名称：给水泵汽轮机转子。

（2）问题描述：某出口机组现场发现给水泵汽轮机转子轴颈表面锈蚀严重。

（3）原因分析：供货商包装和防护不到位导致转子表面锈蚀。

（4）处理方式：对转子表面锈蚀的地方进行打磨处理。

（5）需重点关注的问题：

1）供货商应充分考虑国际 EPC 项目运输、仓储环境及存放时间，做好重要部件的防潮、防锈措施。

2）加强包装防护检查，发现问题及时要求整改，确保防护达到标准要求。

（五）给水泵汽轮机汽缸中分面锈蚀

（1）设备部件名称：给水泵汽轮机。

（2）问题描述：给水泵汽轮机汽缸中分面锈蚀。

（3）原因分析：供货商包装未达到标准，设备到达项目现场后外包装已经全部脱落，仅留有底座。设备在仓储期间已经做了维护保养工作，并遮盖塑料布和防雨篷布，但由于露天存放时间长，仍然导致中分面锈蚀。

（4）处理方式：在国外寻找加工厂加工处理。

（5）需重点关注的问题：

1）加强设备出厂的包装防护。

2）注重供货与施工的衔接时间，避免设备在项目现场长时间存放。

3）定期对仓储期间的设备进行检查与维护，发现问题及时处理。

六、设备性能问题

（一）阀门水压试验不合格

（1）设备部件名称：高压加热器阀门。

（2）问题描述：某项目锅炉外协厂生产的高压加热器阀门水压试验时发现所有阀门在相同位置均出现裂纹。

（3）原因分析：阀门铸造工艺、原材料存在问题。

（4）处理方式：打磨阀门裂纹位置，彻底去除裂纹，进行补焊，无损检测合格后再次进行水压试验。

（5）需重点关注的问题：

1）在质量计划中增加相关过程检验现场见证点。

2）加强对供货商原材料的检验，所有原材料取样都做到专人去取，防止过程中出现问题。

3）制定严格的质量检验计划并严格实施，确保出厂质量合格。

（二）汽动给水泵前置泵中分面漏汽

（1）设备部件名称：汽动给水泵前置泵。

（2）问题描述：某出口机组汽动给水泵前置泵在试运时中分面漏汽。

（3）原因分析：设备加工质量较差，加工精度不够。

（4）处理方式：研磨水泵中分面，并在中分面上涂密封脂。

（5）需重点关注的问题：

1）加强设备出厂检查。

2）加强现场成品防护。

（三）废水设备油水分离器分离效果差

（1）设备部件名称：油水分离器。

（2）问题描述：

1）设备配供的浮油收集器起不到作用，电加热也因无温控装置无法投用，导致重油在低温情况下，输送泵无法抽吸。

2）油水分离器分离效果不好，出现油中含水、水中含油的现象。

（3）原因分析：设备存在质量问题，无法正常使用。

（4）处理方式：增加一路蒸汽管道至污油池内伴热，更换油水分离器。

（5）需重点关注的问题：

1）在设备采购过程中加强对设备质量的管控。

2）选择知名品牌的设备供货商。

3）设备出厂时见证其性能试验。

（四）循环水补充水泵和排污水泵转子装配错误

（1）设备部件名称：循环水补充水泵和排污水泵。

（2）问题描述：循环水补充水泵和排污水泵进出口方向与设计要求不符。

（3）原因分析：装配时转子方向安装错误。

（4）处理方式：解体水泵，180°掉换泵转子方向。

（5）需重点关注的问题：

1）在技术规范书中必须明确泵的转向。

2）泵出厂前标识好泵旋转方向。

3）加强设备质量和监造过程，设备出厂前要进行性能试验，合格后方可出厂。

（五）凝结水补水箱浮球不合格

（1）设备部件名称：凝结水补水箱。

（2）问题描述：安装过程中发现凝结水补水箱浮球密度小不漂浮，起不到隔绝空气的作用。

（3）原因分析：空心密封浮球质量不合格。

（4）处理方式：更换为锥形实心密封浮球。

（5）需重点关注的问题：及时了解新工艺，采用新型实心浮球。

（六）超滤装置膜壳间的连接法兰漏水

（1）设备部件名称：化水设备超滤装置。

（2）问题描述：超滤装置膜壳间的连接法兰存在不同程度的漏水。

（3）原因分析：

1）供货商设备质量差。

2）垫片质量差。

3）出厂前未做通水试验。

（4）处理方式：更换垫片解决。

（5）需重点关注的问题：要求供货商加强内控管理，并增加出厂前超滤装置严密性试验监造见证点。

（七）循环水泵止回蝶阀油缸设计缺陷

（1）设备部件名称：循环水蝶阀。

（2）问题描述：油缸无法满足阀门开启工作需要。

（3）原因分析：设计选型存在问题。

（4）处理方式：更换符合要求型号的油缸。

（5）需重点关注的问题：在质量检验计划中增加液控蝶阀全开、全关试验见证点。

（八）化学水处理阳床内部衬胶脱落

（1）设备部件名称：化学水处理系统阳床。

（2）问题描述：项目现场在安装化学水处理阳床时发现内部衬胶脱落。

（3）原因分析：

1）衬胶质量差或者在阳床内部衬胶涂装前，供货商对阳床内表面的处理不彻底，衬胶附着力差，导致衬胶完成后自然脱落。

2）项目现场温度高，阳床露天放置，没有做到有效防护。

（4）处理方式：供货商派人到项目现场对脱落的衬胶进行修复处理。

（5）需重点关注的问题：

1）加强对内表面涂装的质量检查，包括涂装前的内表面清理，涂装时的环境温度、湿度等。

2）加强设备的储运防护，避免出现过大的温差使设备变形造成涂装脱落。

七、设备资料问题

（一）质量资料中标准号与 ITP 中所写不一致

（1）设备部件名称：凝结水精处理容器。

（2）问题描述：某机组凝结水精处理容器（阴床、阳床）发运前检查时，业主提出供货商提交的资料中衬胶电火花检验标准是 HG/T 20677《橡胶衬里化工设备设计规范》，但 ITP 中写的是 JB/T 2932《水处理设备　技术条件》，业主为此开出不符合项通知单，检验未通过。

（3）原因分析：凝结水精处理容器是按照机械部 JB/T 2932 生产制造的，JB/T 2932 中有衬胶电火花检验标准，在化工部 HG/T 20677 中也有电火花检验标准，且标准要求与机械部标准中要求一致，供货商衬胶是按照化工部标准进行，故资料中标准写为 HG/T 20677。签订质量检验计划时，供货商质检人员标准填写错误。

（4）处理方式：根据产品实际使用情况分类，划分为化工类产品比较合适。向业主提供了两种不同标准中衬胶层电火花检验条款的描述，告知业主尽管标准号不一样，但检验标准和检验结果的要求是一致的。同时对质量计划中的标准进行了修改，升版了质量检验计划，获得了业主的放行许可。修改质量检验计划中所写标准号，质量检验计划升版后，业主发放放行单，问题解决。

（5）需重点关注的问题：

1）质量检验计划签订时，涉及标准问题，供货商应慎重对待，严格按实际使用标准提供标准号，检验计划中写的什么标准就执行什么标准，资料中也应该体现什么标准，两者要对应。如果执行过程发现质量计划中有错误，应及时与 EPC 总承包方和业主方沟通，升版质量检验计划。

2）供货商提交报检资料后，总承包方应仔细审核供货商提交的资料，先业主发现问题并要求供货商整改。

（二）质量资料和设备包装不符合要求

（1）设备部件名称：循环水蝶阀法兰。

（2）问题描述：某出口项目机组业主检验循环水蝶阀法兰时提出法兰只有合格证和图

纸且没有英文翻译,没有尺寸检查记录;按照包装程序包装应是木箱,实际是捆装,业主方拒绝发放放行单。

(3)原因分析:

1)法兰供货商是蝶阀供货商的分包商,蝶阀供货商没有进行交底,分包商对此项目检验要求不熟悉,按照常规准备了资料。

2)EPC 总承包方对供货商的分包商管理力度不够。

3)分包商认为蝶阀法兰直径 2m 多,8 片法兰重量非常重,公司提供的包装程序是通用性要求,不适用他们的产品。

(4)处理方式:业主出具不符合项通知单后,EPC 总承包方安排监造专工到工厂进行了协调,向供货商详细介绍了业主对资料的要求,并协助供货商整理了资料;针对工厂产品实际与供货商一起对包装进行了改进,用槽钢做了包装框架,以上工作完成后,向业主发去整理后的资料和包装照片,业主审核后同意放行。

(5)需重点关注的问题:

1)加强对供货商分包商的管理。

2)对于产品包装采取区别对待,有针对性地进行包装,既保证产品安全又不过度包装。

八、管理及其他问题

(一)汽轮机低压内缸锈蚀问题

(1)设备部件名称:汽轮机低压内缸。

(2)问题描述:某项目汽轮机低压内缸运到项目现场后发现缸体中分面锈蚀。

(3)原因分析:供货时间过早,从供货到安装,历经了 2 个雨季,露天存放时间过长,项目现场雨季长、空气湿度大,供货商防护措施无法满足项目现场湿热的环境。

(4)处理方式:汽轮机、焊接专业配合供货商技术工代在项目现场打磨修补处理。

(5)需重点关注的问题:

1)增强供货与施工的衔接性,避免设备在项目现场长时间存放。

2)定期对仓储期间的设备进行检查与维护工作,避免此类问题再次发生。

3)设备存储在主厂房等有遮盖的位置,避免设备完全暴露在恶劣的环境中。

(二)检验比例与质量检验计划中要求不一致

(1)设备部件名称:给水泵汽轮机冷油器。

(2)问题描述:进行给水泵汽轮机冷油器水压试验检验时,业主提出来供货商图纸中标注的水压试验比例是 15%,与质量检验计划中标注的 100% 检验比例不符,拒绝进行检验。

(3)原因分析:供货商与买方、业主方签署的质量检验计划中冷油器检验比例是 100%,但与冷油器生产方签合同时,签署的检验比例是 15%,没有考虑此项目 ITP 的要求。

(4)处理方式:按照与业主方签订的 ITP 检验比例执行。

(5)需重点关注的问题:与设备或材料供货商签订供货合同时,除合同条款中约定检验要求外,还要特别进行交底,强调质量检验计划执行的严肃性,质量计划中确定的检查项要严格执行。

（三）质量计划中检验内容不明确问题

（1）设备部件名称：循环水泵。

（2）问题描述：业主在进行循环水泵尺寸检查时提出检查叶轮流道尺寸，但流道尺寸检查需要叶轮在机床上加工定位时测量，一旦下了机床，再重新定位，因基准发生变化会导致测量数据不准确。

（3）原因分析：签订质量计划时，EPC 总承包与业主方、供货商方就循环水泵尺寸检验达成共识：尺寸检验是检验叶轮直径和密封环间隙，但 ITP 中未明确写明检查哪些尺寸，业主方质量计划签订人和执行人不同，执行检查人认为有权利检查所有尺寸，但有些尺寸离开机床后又很难有有效检查手段，致使检验拖期，影响工厂下一步工作。

（4）处理方式：召开由供货商技术人员、业主方监造人员、总承包方三方参加的协调会，解释尺寸无法检查的原因。另外，增加叶片直径的检查点，业主放弃检查叶轮流道尺寸要求。

（5）需重点关注的问题：签订质量检验计划时，凡是尺寸检验，务必注明检验哪个部位的尺寸。

（四）汽轮机停机电磁阀内部线圈损坏

（1）设备部件名称：汽轮机停机电磁阀。

（2）问题描述：机组试运过程中发现汽轮机停机电磁阀无法工作，经检查内部线圈损坏。

（3）原因分析：长时间放置导致受潮、失效。

（4）处理方式：更换新电磁阀。

（5）需重点关注的问题：加强项目现场易损部件的防护，根据设备特点及供货商防护要求进行防护。

（五）不按照规范要求操作

（1）设备部件名称：高压加热器。

（2）问题描述：高压加热器供货商工作人员不按照规范吊装高压加热器，导致温度计损坏；不按照规范清理设备内杂物就开始注水打压。

（3）原因分析：工厂工作人员安全、质量意识淡薄。

（4）处理方式：更换损坏的温度计、对容器内部的杂物进行清理后再进行注水打压。

（5）需重点关注的问题：

1）督促工厂加强人员安全、质量意识。

2）监造人员在打压前确认产品内部的清洁情况。

（六）循环水泵蝶阀密封环装箱时漏装

（1）设备部件名称：循环水蝶阀密封环。

（2）问题描述：发运前检验时发现包装箱中缺少密封环。

（3）原因分析：供货商发货前清点不仔细，漏装箱。

（4）处理方式：要求供货商在包装箱中补齐密封环后发运。

（5）需重点关注的问题：总承包方参与设备发运前的装箱清点检查工作。

第三节 电控专业设备

一、原材料问题

（一）发电机转子转轴锻件 UT（超声波检测）报告结论不正确

（1）设备部件名称：发电机转子。

（2）问题描述：根据合同要求，发电机转子的转轴锻件应从韩国斗山重工进口，而供货商采购的转轴锻件是由该公司下属的罗马尼亚锻件厂制造，监造人员在审核转轴质量证明文件时发现中心孔 UT（超声波检测）报告的结论是不合格的。

（3）原因分析：

1）供货商未按照合同要求采购韩国斗山重工原厂生产的转轴锻件。

2）工厂对原材料的质量文件审核不严，尤其是进口材料的资料。

3）原材料供货商未仔细审核文件即出厂。

（4）处理方式：供货商更换转轴重新报检，质量证明文件审核合格。

（5）需重点关注的问题：

1）加强对原材料质量文件正确性的审查，尤其进口材料的质量文件。

2）加强监督供货商对质量文件正确性的审核。

（二）DCS 操作台钢板厚度不满足合同要求

（1）设备部件名称：DCS 操作台。

（2）问题描述：根据合同要求 DCS 操作台的钢板厚度应为 3mm，而在检查时发现钢板实际厚度为 1.5mm，实际厚度不符合合同要求。

（3）原因分析：供货商未按照合同要求执行，过程不严格。

（4）处理方式：由于操作台钢板厚度不影响使用，向设计院提出变更申请单。设计院审核确认出具设计变更后让步接收。

（5）需重点关注的问题：加强出厂检验，合同中明确相关罚款条款。

二、外购件问题

（一）发电机型式试验检验时端部振动处出现漏气

（1）设备部件名称：发电机振动探感器。

（2）问题描述：发电机进行型式试验前，发现漏气现象，经检查在端部振动处发现漏点。

（3）原因分析：振动探感器是由分包商进行安装的，安装操作不当、密封不严，且安装完成后检验未发现漏点。

（4）处理方式：设备分包商重新更换了振动探感器并进行密封处理。

（5）需重点关注的问题：

1）外购设备要加强对其安装质量的管控。

2）外购设备到厂后要对其进行复检，确保其质量合格。

（二）低压开关柜部分外购件电压不符合要求

（1）设备部件名称：低压开关柜。

（2）问题描述：根据合同要求，项目电压等级为 415V。监造人员在进行低压开关柜出厂检验时发现柜内部分外购件（如加热器、小开关等）的电压等级不符合合同要求的 415V 的电压标准。

（3）原因分析：

1）供货商采购人员未能按照合同要求的标准进行采购，而是按照中国标准进行采购。

2）供货商自查时未能发现问题。

（4）处理方式：供货商对不符合要求的部件进行了更换。

（5）需重点关注的问题：

1）对国外项目的设备供货商需进行详细的交底，明确项目的特殊要求，避免在供货时出现错误。

2）做好供货商外购件及其分包商的管控。

3）加强对涉外设备的检验、核查力度。

（三）柴油发电机配置 TA 品牌不符合合同要求

（1）设备部件名称：柴油发电机设备。

（2）问题描述：根据采购合同要求，柴油发电机配置的 TA 应为西安互感器厂生产，但是在实际检验时发现 TA 品牌为上海 COMPLEE 公司，不符合设备采购合同要求。

（3）原因分析：供货商未认真研读合同条款选用合同规定的品牌，在出现品牌不符合要求的问题时也未提前沟通确认，直至检验时才发现问题，供货商执行合同不严格。

（4）处理方式：供货商提供相关澄清资料，经设计确认符合性能后不再更换。

（5）需重点关注的问题：设备采购合同要求在完全覆盖 EPC 总包合同内容的同时，还要考虑实际应用问题，在检验中要按照合同要求对部件进行检验，避免供货商在部件采购过程中出现以劣代优、以次充好的行为。

（四）IP 等级不满足要求

（1）设备部件名称：斗轮机行走电动机。

（2）问题描述：斗轮机设备行走电动机风扇运行中经常卡涩损坏，经检查是由于灰尘进入电动机风扇造成。另外，根据合同要求，室外配置的电动机应满足 IP55 要求，而行走电动机的 IP 等级为 IP54，未能达到合同要求。

（3）原因分析：供货商未能按照合同要求配置满足 IP 等级要求的室外电动机。

（4）处理方式：联系供货商重新更换供货。

（5）需重点关注的问题：

1）督促供货商严格按照合同要求供货。

2）电气设备检验时要重点关注 IP 等级问题。

（五）机组变送器屏变送器显示不准确

（1）设备部件名称：变送器。

（2）问题描述：变送器屏中有 12 个变送器在试运过程中经常显示不准确。

（3）原因分析：供货商未在厂内进行变送器带负载试验及老化试验，未考虑相电压和线电压的倍数，变送器质量不合格。

（4）处理方式：供货商重新生产，试验合格后重新供货安装。

（5）需重点关注的问题：供货商要加强外购件的技术要求管理，加强对外购件的出厂试验验收。

三、加工尺寸、工艺类问题

（一）电压互感器外形尺寸与图纸不一致

（1）设备部件名称：电压互感器。

（2）问题描述：监造人员在检测电压互感器时发现外形尺寸测量实际高度为 5035mm，而图纸要求是 5070mm。

（3）原因分析：

1）设备在生产过程中缺乏质量管控，导致设备的实际尺寸与图纸要求不符。

2）图纸不规范，没有标示制造公差。

3）供货商质检人员未对设备进行认真检验，检验记录中没有尺寸检验内容。

（4）处理方式：与业主协商进行澄清解释，通过设备核算不影响设备使用后由设计院出具设计变更，业主方接收设备。

（5）需重点关注的问题：

1）在制造过程中要求供货商按照图纸进行施工，设备外观尺寸要满足图纸要求。

2）图纸中要明确公差尺寸，设备实际尺寸要符合公差要求。

3）对于不合理的图纸要督促供货商及时改进，避免对后续设备的检验造成困扰。

4）对供货商检验记录里尺寸方面的检验内容，要通过实际进行检验验证。

（二）干式变压器尺寸与设计院图纸不一致

（1）设备部件名称：干式变压器。

（2）问题描述：设计院设计的 3 台同类型干式变外壳尺寸并不一样，其中两台长为 1.8m，另外一台长为 1.9m，而供货商均按 1.8m 进行了生产。

（3）原因分析：供货商没有认真审核设计院图纸，造成制作图纸错误进而导致实际生产尺寸错误。

（4）处理方式：由于不影响设备正常工作及项目现场安装，联系设计院进行核实后出具了设计变更。

（5）需重点关注的问题：

1）要求供货商对制造图纸进行审核，确保设备的制造图纸与设计院设计尺寸相符。

2）加强生产过程监督，注意对生产图纸和设备的审核、检验。

3）设备发生问题时要及时处理，对设备性能无影响的可以协调设计院出具变更，若对设备性能产生影响，要坚决拒收。

（三）MCC（Motor Control Center，电动机控制柜）开关柜问题

（1）设备部件名称：MCC 开关柜。

（2）问题描述：在对 MCC 柜体进行检查时发现母排间绝缘间隙小于 14mm，不符合标准要求。

（3）原因分析：供货商在制造环节没有严格按照厂内工艺流程执行生产，厂内自检流于形式。

（4）处理方式：在抽检发现该问题后，对该供货商所有供货的 MCC 柜进行全面检查，对所有出现问题的盘柜进行标注，并在厂内进行整改，最终达到标准要求。

（5）需重点关注的问题：

1）严格要求工厂按照标准进行生产和检验。

2）加大对开关柜的工艺检验，对不符合工艺要求的设备要求供货商进行整改。

3）若问题普遍发生、多次发生，应对供货商施行必要的惩罚措施，问题严重时则应拒收设备。

（四）MCC 开关柜内部导体布置不整齐、热缩管不美观

（1）设备部件名称：MCC 开关柜。

（2）问题描述：在对 MCC 柜体进行检查时，发现内部母线布置不整齐、绝缘套不美观、端子排歪斜、部件固定不牢等问题。

（3）原因分析：供货商管理不完善，安装工人熟练程度不够，检查人员没有严格按照要求进行全面的检查。

（4）处理方式：在抽检发现该问题后，对该供货商所有供货的 MCC 柜进行全面检查，对所有出现问题的盘柜进行标注，并在厂内进行整改，最终达到标准要求。

（5）需重点关注的问题：

1）严格要求工厂按照标准进行生产和检验。

2）加大对开关柜的工艺检验，对不符合工艺要求的设备要求供货商进行整改。

3）对于多次发生问题并且问题比较多的供货商，应取消其合格供货商资格。

（五）输煤皮带电控箱内部锈蚀，配件损坏

（1）设备部件名称：输煤皮带控制箱。

（2）问题描述：现场在进行输煤皮带控制箱安装时发现控制箱内部锈蚀严重，配件损坏，无法使用。

（3）原因分析：

1）设备本身存在质量问题。

2）包装、运输、仓储等过程中防护不当导致设备进水锈蚀。

（4）处理方式：损坏的元器件重新采购并在项目现场重新加工整改。

（5）需重点关注的问题：在设备检验阶段，加强对设备的检验，包装前要确认包装是否满足要求。在设备装卸、运输、仓储阶段，注意对成品进行保护，做防潮、防尘处理，避免设备出现问题。

四、外观质量问题

（一）发电机进行型式试验时发现氢气冷却器有异物脱落

（1）设备部件名称：发电机。

（2）问题描述：发电机氢气冷却器已完成了水压试验，并且经过监造人员试验见证合格，但是在型式试验时仍发现有异物脱落。

（3）原因分析：

1）氢气冷却器自身质量有问题，问题在水压试验时没有暴露出来。

2）氢气冷却器的试验完成后保存不当。

（4）处理方式：供货商重新更换氢气冷却器并加强新氢气冷却器的加工管控。

（5）需重点关注的问题：对已见证完成的设备需要加强设备保存的管理和维护。

（二）氢气干燥器机柜外壳损坏

（1）设备部件名称：氢气干燥器机柜。

（2）问题描述：项目现场开箱时发现氢气干燥器的机柜外壳损坏。

（3）原因分析：包装问题造成设备损坏。

（4）处理方式：供货商更换新的氢气干燥器机柜外壳。

（5）需重点关注的问题：加强设备包装和运输过程中防护，严格按照合同要求的包装方案执行。

（三）高压电动机接线盒相序标示不正确

（1）设备部件名称：高压电动机。

（2）问题描述：监造人员在高压电动机出厂试验时发现电动机出线盒上相序标示为黄绿红，而根据合同应为红黄蓝。

（3）原因分析：供货商未按照合同要求而是按照国内常规标准标示相序。

（4）处理方式：供货商在厂内对相序标示进行整改。

（5）需重点关注的问题：严格要求供货商按照合同标准进行生产，在合同签订后要及时督促并提醒供货商，注意项目差异情况的处理。不能简单地只依据国内管理来执行合同，应按照合同的要求和标准来执行。

（四）11kV 高压开关柜及开关开箱时挤压变形

（1）设备部件名称：高压开关柜及开关。

（2）问题描述：高压开关及开关柜在开箱时发现已挤压变形，设备出现损坏。

（3）原因分析：设备运输过程中防护不当造成设备损坏，设备包装强度不足。

（4）处理方式：

1）损坏不严重的联系供货商在项目现场进行修复。

2）损伤严重的更换开关或配件。

（5）需重点关注的问题：设备在运输过程中需根据设备尺寸、重量等重点考虑，加强防护，设备供货商包装方式需进一步加强。

五、性能及质量问题

（一）启动备用变压器出厂试验时套管介质损耗值超标

（1）设备部件名称：启动备用变压器。

（2）问题描述：监造人员在启动备用变压器出厂试验时发现套管介质损耗超标。根据相关检验标准要求套管介损不能大于 0.4%，而实际测量值为 0.4705%。

（3）原因分析：启动备用变压器套管在保管过程中受潮，造成套管介质损耗超标。

（4）处理方式：供货商更换套管同时对事故发生原因进行分析并制定相应的防范措施。

（5）需重点关注的问题：要求供货商对外购的设备进行严格保管，避免设备受潮导致损坏。

（二）循环水泵电动机出厂试验时出现耐压击穿

（1）设备部件名称：循环水泵电动机。

（2）问题描述：监造人员在进行循环水泵电动机出厂试验检验时，电动机出现绝缘击穿现象。

（3）原因分析：制造过程中铁屑未清理干净造成短路。

（4）处理方式：对电动机内部进行重新清理，并将损坏的绝缘进行修复后重新试验合格。

（5）需重点关注的问题：

1）生产过程中要加强对设备的检验并留有记录。

2）做好电动机内部清理，避免灰尘、异物等存留在电动机内部。

3）电机试验前对容易出现的问题重点关注，保证检验能顺利进行。

（三）循环水泵电动机定子铁芯锈蚀

（1）设备部件名称：循环水泵电动机。

（2）问题描述：在现场安装前检查时发现，电动机定子铁芯多处存在严重的锈蚀。

（3）原因分析：

1）定子在制造过程中质量控制不到位，真空浸漆未达到标准要求。

2）由于该项目循环水泵电动机为定子、转子分别发货，定子包装防水措施不当，项目现场防护也存在问题，造成定子受潮。

（4）处理方式：联系供应商出具铁芯除锈方案，现场对定子铁芯进行打磨处理并重新喷涂绝缘漆，整改完成后重新进行试验验证，测试整改部位温升应满足要求。

（5）需重点关注的问题：

1）加强制造工艺的质量控制，确保设备在生产阶段无问题。

2）加强设备运输过程中的防护工作，在运输、装卸、存储等各个环节做好防雨、防潮工作。

（四）发电机转子绝缘突降为"零"

（1）设备部件名称：发电机转子。

（2）问题描述：供货商对发电机转子进行绝缘电阻测量时，测得绝缘电阻为0。

（3）原因分析：生产过程中对设备的检查不到位；设备在包装、厂内倒运等过程中没有做好防护工作。

（4）处理方式：根据测量结果初步判定为可靠的金属性接地。利用压降法找到接地故障点的位置。用相机和内窥镜方法反复检查，发现有一颗 M16×40 螺钉卡在线圈底部与转轴之间。

（5）需重点关注的问题：

1）加强制造工艺的质量控制，严格做好内部清洁检查。

2）在运输、存储环节做好防雨、防潮工作。

（五）发电机转子耐压试验不合格

（1）设备部件名称：发电机转子。

（2）问题描述：根据 IEC（国际电工委员会）标准，发电机转子耐压应达到的电压值为交流4550V，当电压升至约3800V时，发电机转子励端风扇下方出现火花放电现象，对转子进行简单清理后再次进行试验，现象同上，试验没有通过。

（3）原因分析：在做转子超速实验时有炭粉进入转子绕组内部，造成绝缘性能降低。

（4）处理方式：问题发生后，首先对转子外部及内部能够触及的部位进行吹扫清理，清理后试验耐压仍不合格；随后对转子护环进行拆卸，发现内部仍有碳粉存留，对转子整体进行彻底清理后重新组装。在组装后重新进行耐压试验，试验顺利通过。

（5）需重点关注的问题：

1）严格要求供货商按照安装工艺流程进行组装，在护环安装等环节需要进行密闭隔离，并配备清洁风扇。

2）监造人员应重点对设备清洁度进行监督检查。

3）严格执行相关试验标准，确保设备出厂各项性能指标符合要求。

（六）断路器耐压试验标准不满足合同要求

（1）设备部件名称：400kV 断路器。

（2）问题描述：采购合同要求断路器耐压为 660kV，而断路器厂内标准及 IEC 标准，400kV 断路器的耐压为 520kV。供货商在自检时按照 520kV 进行了耐压试验，虽符合 IEC 标准但不满足合同要求。在出厂耐压见证，供货商准备继续按照 520kV 标准进行耐压试验。

（3）原因分析：供货商未认真研读合同，不了解合同的有关要求，合同执行不严格。

（4）处理方式：严格按照合同要求对 400kV 断路器设备进行了试验，对已经完成试验的设备重新进行检验，重新出具试验报告。

（5）需重点关注的问题：

1）督促供货商认真研读合同要求，对于有特殊要求的设备，在签订采购合同后要及时与供货商进行交底，明确项目要求。

2）加强出厂检验，按照合同要求对设备进行实际查验。

3）合同中明确相关罚款条款，因供货商疏忽而出现的问题要追究供货商的责任。

（七）电压互感器试验结果不符合要求

（1）设备部件名称：电容式电压互感器。

（2）问题描述：在见证电容式电压互感器出厂试验时发现准确度试验结果存在问题，观察短路后的波形，其恢复时间应小于 25 个周期，而实际大于 25 个周期。

（3）原因分析：设备性能存在问题，供货商在调整校对时存在疏忽。

（4）处理方式：要求供货商重新进行调整校对，直到符合相关标准并进行验证。

（5）需重点关注的问题：对设备性能试验要细心观察，对试验结果分析重点关注。见证前要了解相关标准，准确判断是否合格。

（八）电动给水泵电动机绝缘低

（1）设备部件名称：电动给水泵电动机。

（2）问题描述：现场人员对电动给水泵电动机进行绝缘测试时发现电动机绝缘低，不满足标准要求。

（3）原因分析：由于供货商制造工艺控制不严、运输过程有碰撞、项目现场保管维护不当等原因，造成电动机内部绝缘损伤。

（4）处理方式：供货商派工代到项目现场进行电动机解体，对电动机绝缘损坏处进行绝缘包扎，绝缘处理完成后重新检查符合标准。

（5）需重点关注的问题：

1）加强供货商的生产质量管控，确保设备出厂合格。

2）运输和存储应加强防护，防止碰撞。

（九）PC 开关柜电气试验不合格

（1）设备部件名称：PC 开关柜。

（2）问题描述：两台 PC 开关柜在进行连续性试验时不合格。

（3）原因分析：供货商在设备组装时没有严格按标准工序处理，导致整机检查出现问题。

（4）处理方式：在发现试验不合格后要求供货商立即整改，重新调整盘柜间距。调整后重新进行连续性试验，结果合格。

（5）需重点关注的问题：严格执行试验标准和程序，除了对分项设备进行检查外，存在组合使用的设备也应对设备整体检查重点关注。

六、资料问题

（一）供货商未提供英文版的质量证明文件

（1）设备部件名称：发电机定子冷却水系统。

（2）问题描述：监造人员在检查发电机定子冷却水系统时，供货商未能提供英文版的外购件质量文件。

（3）原因分析：

1）供货商执行合同不严谨，未按要求准备相关英文版报告。

2）供货商对外购件的质量控制不到位，未将合同要求及时传达至外购件分包商。

3）驻厂监造人员未能提前预检，及早发现问题。

（4）处理方式：供货商要求外购件分包商重新提供英文版的质量文件并交监造人员及业主审核批准。

（5）需重点关注的问题：

1）及时对 ITP 进行交底，将合同要求传达至供货商，并要求其提前做好准备。

2）强化对外购件的质量控制，确保相关资料能按时提供。

3）驻厂监造人员提前预检，发现问题及时处理。

（二）封闭母线探伤试验时未提供 PQR（焊接工艺评定）和 WPS（焊接工艺规程）

（1）设备部件名称：封闭母线。

（2）问题描述：监造人员在探伤试验时发现供货商未提供 PQR 和 WPS 供审核。

（3）原因分析：

1）供货商的质量管理体系不完善。

2）供货商焊接资质不足，对焊接检验流程不了解，未能及时编制 PQR 和 WPS。

（4）处理方式：供货商按照要求补充编制相关文件并提交审核。

（5）需重点关注的问题：

1）在合格供货商评审的过程中要加强对供货商体系的审核，确保供货商的质量体系能满足设备生产的过程要求。

2）供货商应该对焊接检验流程加以控制，做好最基本的作业文件。

（三）断路器型式试验报告的内容不全

（1）设备部件名称：断路器。

（2）问题描述：监造人员在进行断路器资料审核时发现供货商提供的型式试验报告内容不完整，未能按照 ITP 中的内容全部提供。

（3）原因分析：供货商质检人员对 ITP 要求的内容不熟悉，在检验前没能做好相关的准备工作，导致监造人员在审核型式试验报告时发现内容不全。

（4）处理方式：要求供货商重新整理设备的形式试验报告资料，对缺少的资料进行提供。

（5）需重点关注的问题：

1）ITP 签订过程中要同供货商深入交流，向其明确检验要求和检验资料的准备工作。

2）加强 ITP 的审核，对照 ITP 核对提交报告的准确性，确保报告满足 ITP 的要求。

（四）电流互感器出厂报告二次直阻换算错误

（1）设备部件名称：电流互感器。

（2）问题描述：监造人员在审核电流互感器出厂报告时发现二次直阻在换算到 75° 时超出最小值要求。

（3）原因分析：试验数据计算人员粗心大意，导致计算结果错误。

（4）处理方式：要求供货商重新计算，计算合格后提交报告。

（5）需重点关注的问题：

1）要求供货商的试验数据计算人员有相应的资质和能力。

2）选择有责任心的人员担任试验数据计算工作。

七、管理及其他问题

（一）发电机定子线棒在介损试验时没有全部提供线棒进行抽样

（1）设备部件名称：发电机定子线棒。

（2）问题描述：根据质量计划定子线棒应抽检 5% 做介损和耐压试验，监造人员在检验时，供货商直接只提供了 5% 的定子线棒，并未由监造员进行抽样。

（3）原因分析：

1）供货商生产的定子线棒是通用的，当时只是准备了 5% 的线棒做实验，其他的存在仓库，外人不能进入。

2）供货商对质量计划的检验要求理解不正确。

3）沟通不够通畅。

（4）处理方式：由于定子线棒车间不允许进入抽样，供货商出具了澄清函并表示在定子下线前进行抽样检验。

（5）需重点关注的问题：

1）各方及时沟通，及时了解检验需要的状态和数量要求。

2）签订质量计划时，检验内容和数量都要标注清楚。

（二）发电机转子超速试验检验时未能按时进行

（1）设备部件名称：发电机转子。

（2）问题描述：发电机转子试验在监造员到工厂后，因为试验站上一台转子的试验不顺利未能按计划完成，导致此次转子试验不能按期进行，造成检验失败。

（3）原因分析：

1）供货商对检验日期预计不准确。

2）供货商对试验计划的安排不合理。

3）检验前总承包方没有及时落实试验准备情况，造成检验失败。

（4）处理方式：联系供货商并向业主方进行澄清，重新安排日期进行检验。

（5）需重点关注的问题：

1）供货商对重要设备的试验计划不严谨，应加强控制。

2）在检验前要及时落实试验的进度，做好协调和组织工作，若检验计划变更时，要及时通知业主撤销试验或延迟检验。

（三）业主对发电机试验的特殊要求

（1）设备部件名称：发电机设备。

（2）问题描述：EPC 合同中要求的部分发电机的常规出厂试验中包括许多检验内容需要在工厂内进行定子和转子组装后才可进行，而按照国标或 IEC 标准这些试验项目为发电机的型式试验内容。然而业主方要求必须按照合同规定进行试验，因此发电机的 ITP 一直未批准，在常规试验检查时也以此为借口拒绝进行见证。

（3）原因分析：业主方按照当地的 CEA 标准对发电机出厂试验进行要求，并在合同中进行了规定，而此标准不符合国内发电机行业生产情况。

（4）处理方式：在业主提出该要求后，总承包方始终坚持该试验项目为型式试验内容，并列举 GB/IEC/NEMA 等相关标准作为依据进行解释，在进行耐压等相关试验时严格按照合同要求进行预通知、通知，最终业主方按照总承包方要求进行了试验见证，设备得以顺利安装。

（5）需重点关注的问题：

1）项目投标、主合同签订阶段注意相关试验条款，注意标准依据问题。

2）与业主解释注重专业技术层面，充分展示总承包方要求的合理性。

（四）发电机厂供氢油水系统小口径管道数量不足

（1）设备部件名称：发电机氢油水系统设备。

（2）问题描述：每台机组用于发电机密封油系统的 $\phi60 \times 5$ 不锈钢管道供货不足，缺 18m；用于发电机氢气、二氧化碳系统的 $\phi45 \times 3.5$ 不锈钢管道供货不足，缺 40m。

（3）处理方式：对缺少的管件项目现场通过提报 MQ 的形式要求供货商补充提供，供货商根据现场实际需要补供相关部件。

（4）原因分析：供货商设计时计算出现差异，造成实际供货数量不足。

（5）需重点关注的问题：订货时需根据每台机组的布置方式来要求提供材料的数量。

（五）电流电压互感器运输过程中损坏

（1）设备部件名称：电流电压互感器。

（2）问题描述：电流互感器、电压互感器在运输过程中因颠簸造成互感器损坏。

（3）原因分析：设备包装方案设计不合理，设备长约 6m 但其中只有 3 个支撑固定点，造成设备在运输过程中因受力不均匀造成设备损坏。

（4）处理方式：损坏的设备无法使用，重新进行采购。

（5）需重点关注的问题：

1）总结问题经验针对各项设备尤其是精密设备，在合同执行中应向供货商进行包装交底，提出包装建议及注意事项。

2）对于所有支柱绝缘子、瓷瓶等易碎设备，按照设备形状，制定出合理的包装方式，合理选择固定点，密封前用泡沫胶填缝，使设备受力均匀。

3）做好设备发运前检验对包装强度及内部固定进行认真检查。

（六）变压器套管设备损坏

（1）设备部件名称：变压器套管。

（2）问题描述：变压器套管在运抵项目现场后发现已损坏。

（3）原因分析：在运输过程中不注意保护，运输公司装船、装车不合理造成设备损坏。

（4）处理方式：损坏的设备无法使用，重新进行采购。

（5）需重点关注的问题：

1）港口人员应加强对运输公司装车封车等工作的监督，及时指正发现的问题。

2）定期与运输公司召开会议，总结工作中的不足，在后续的设备发运中严格注意。

3）加强港口与项目现场交流，项目现场发现因为装车等问题及时反馈给港口人员，保证以后设备发运时不出现同样错误。

（七）高压变压器在港口吊装运输中散热器导油管损坏

（1）设备部件名称：高压变压器。

（2）问题描述：高压变压器在港口吊装运输过程中发生碰撞，导致散热器导油管损坏，造成变压器油的泄漏。

（3）原因分析：吊装运输过程中防护不当造成碰撞或挤压。

（4）处理方式：项目现场割除设备损坏部分重新焊接并涂油漆，经试验合格后进行安装。

（5）需重点关注的问题：设备在运输过程中需根据设备尺寸、重量等重点考虑设备包装及物流因素，吊装时做好安全交底，不能野蛮装卸。

第四节　主要材料

一、原材料问题

（一）管件材质与合同要求不符

（1）设备部件名称：四大管道管件。

（2）问题描述：某项目产品检验时发现供货商所供管件材质与合同要求不一致，经确认为未进行设计变更所致。

（3）原因分析：该管件供货商不规范操作，在未向总承包方通知的情况下对所供产品材质随意更换，同时存在为降低成本，采用与合同规定相近的材质或积压产品代替合同要求的产品以次充好节省成本的可能。

（4）处理方式：要求供货商对检验中发现问题的产品进行重新更换，同时加大试验检验范围对其他产品进行检查确认。

（5）需重点关注的问题：

1）供货商应以合同为准绳，严格按照合同进行供货。对于实际生产中产生的变动要及时反馈给公司，双方协调。

2）总承包方检验人员应按照合同进行检验，合同执行中要及时与供货商互通信息。材料类产品准入条件低，要加强对材料供货商的准入评审和信用评价，同时加强对材料类产品的材质检验。

（二）原材料机械性能不符合标准要求

（1）设备部件名称：阀门。

（2）问题描述：在进行阀门原材料检验时，发现有 2 台阀门的试样进行机械性能复查不合格。

（3）原因分析：

1）供货商对原材料的控制存在缺陷。

2）对分包商管理较差，没有对阀体、阀盖等重要部件的分包商生产的产品进行监造检验。

3）原材料进厂后未对原材料进行相应的入厂复验，最终造成产品多次返工。

（4）处理方式：重新检验试样。

（5）需重点关注的问题：

1）严格进行供货商评审制度，明确高、中低压阀门供货商的供货能力，有针对性地选择供货商。

2）从源头抓起对产品原材料加强控制，先审核阀门铸造厂生产能力，确认后再安排铸造生产。安排人员驻厂监造，从产品铸造开始，全程严格按照 ITP 质量检验计划及相关阀门检验标准进行监造检验，确保环环紧扣，不漏掉任何检验。严格合同质量方面的条款约定，明确责任，对供货商建立行之有效的违约惩罚措施。

二、加工工艺、尺寸问题

（一）管件端口壁厚减薄问题

（1）设备部件名称：四大管道管件。

（2）问题描述：某项目对主蒸汽 8 件弯头（规格为 ID349×38mm，材质为 A335P91）厚度检验时，发现每个管件两端端口均存在不同程度减薄；主蒸汽 8 件弯头（规格为 ID489×50mm，材质为 A335P91）坡口处存不同程度壁厚减薄。

（3）原因分析：

1）管道端口处存在椭圆现象，而加工机床设置的半径是固定的，加工前没有校圆。

2）加工过程随意，没有按照规范要求边加工、边测量、边及时调整。

3）质检人员监督不到，不能及时采取措施，导致同样的问题大批量产生。

（4）处理方式：

1）规范供货商的加工工艺，每一环节必须按照既定工艺执行。

2）对质检人员、生产工人进行岗位培训及工艺流程交底。

3）根据供货商的设计强度计算，满足最小壁厚的要求，让步使用。

（5）需重点关注的问题：

1）工艺规程是否健全，是否能在生产过程中得到贯彻、落实。

2）检查制造厂工人的首件产品是否按工艺要求完成，特别是细节的完成是否按照要求完成，比如原材料的校圆等。

3）检验时应当注意外观尺寸如壁厚、通流面积的检查，注意检查隐蔽在内部等不易发现位置的尺寸检查。

（二）高压给水弯头 62 件 A/B 值（直管段的长度）短问题

（1）设备部件名称：高压给水弯头。

（2）问题描述：某项目产品检验时发现，90° 弯头（规格为 $\phi508×40$），A/B 值短 10~25mm。

（3）原因分析：加工工艺不成熟，生产人员责任心不强。供货商缺少必要的、基本的质保管控体系。

（4）处理方式：

1）制定返修方案。

2）安排监造人员现场监督弯头制作过程，确保对每个步骤监督到位。

3）尺寸复查。

（5）需重点关注的问题：对于供货商的业绩进行调研，确保有丰富业绩、经验，管控能力强、责任心强的制造企业进行生产。

（三）通流面积与图纸要求不符

（1）设备部件名称：四大管道管件。

（2）问题描述：某项目检查时发现高压给水管件热压三通主管流通面积均不符合相关标准要求，流通面积在80%~88%之间，小于图纸要求的90%。

（3）原因分析：工厂生产人员在加工时没有精确控制，不按照规范要求边加工边测量，凭主观意志操作，导致加工尺寸误差过大，生产脱开图纸和操作规范。

（4）处理方式：对工人进行在岗培训，对于通流面积不符的产品进行机械打磨，满足要求，未见异常。

（5）需重点关注的问题：

1）工厂应加强对操作人员规范操作的学习和意识，做到以图施工，操作时精确控制，以数字为操作依据，不以主观臆断。

2）检验人员在检验时应当注意尺寸壁厚、通流面积的检查，注意检查隐蔽在内部等不易发现位置的尺寸。

（四）坡口角度不合格

（1）设备部件名称：四大管道管件。

（2）问题描述：某项目检验时发现热冷段T形焊制三通（规格为OD1066.8×22.2/OD194×12mm；材质为A672B70CL32）支管坡口角度过小，不符合设计要求。

（3）原因分析：供货商没有形成行之有效的质量管控体系，工人责任心不强，质量意识不足，质检人员形同虚设，没有对产品进行必要的试验。

（4）处理方式：要求供货商按照合同及技术文件要求整改后，总承包方安排人员重新对产品进行检验。

（5）需重点关注的问题：

1）签订合同前提前审查供货商质保体系是否完善、加工试验用的设备是否满足要求，考察技术人员对重点工艺的熟悉程度，考察质检人员对检验流程的认知程度。

2）严格按照生产工艺开展监造工作，确保关键环节监督、跟踪到位，如有违反，一次否定，绝不姑息。

（五）钢结构尺寸错误

（1）设备部件名称：主厂房钢结构。

（2）问题描述：某项目检验时发现，煤斗梁钢结构实际尺寸全部与图纸设计不符，比图纸设计尺寸大，导致无法安装。

（3）原因分析：

1）供货商工人能力太差，看错图纸，下错料。

2）钢结构工作量大，供货商检验环节技术力量薄弱，质量管控能力不足，致使钢结构尺寸偏差问题大量发生。

（4）处理方式：项目现场返工处理，供货商承担返工费用。

（5）需重点关注的问题：

1）钢结构数量、规格多，生产周期短，单独靠检验很难全面发现问题，因此，采购环节选择一家质量控制能力强的钢结构厂非常重要。

2）大批量采购的钢结构集中生产阶段，总承包方安排检验人员进行驻厂监造。

（六）闸板密封试验泄漏

（1）设备部件名称：闸阀闸板。

（2）问题描述：某项目检验时发现，7 只阀门型号为 PZ673Y-16P-DN150，闸板密封试验时泄漏严重。

（3）原因分析：供货商未严格按照工艺装配，并根据标准进行自检。

（4）处理方式：要求供货商根据 GB/T 13927《工业阀门 压力试验》进行自检，并复检执行机构行程及力矩是否达到设计要求，同时检查闸板密封法线是否符合要求。

（5）需重点关注的问题：

1）加强阀门的生产过程控制。

2）严格按照相关标准进行检验。

三、焊接质量问题

（一）焊接工艺问题

（1）设备部件名称：四大管道、高压管件及阀门。

（2）问题描述：监造人员在对部分阀门厂、锅炉厂、管件厂、配管厂进行检查时发现，焊接工艺评定不能覆盖现有的施焊范围；焊接作业没有预热和保温设施；没有氩气保护设施；焊接工人未提供相应焊接资格证。

（3）原因分析：供货商质保体系不健全，缺少必要的文件资料。

（4）处理方式：重新编制焊接工艺并按照规定进行评定，合格后继续开展焊接工作。

（5）需重点关注的问题：焊接工艺及评定作为焊接工作的基础，对焊接工作起着监督和指导作用，因此，在后续的检查中应予以重点关注。

（二）需 IBR 认证的设备、材料，焊接工作没有使用合格的 IBR 焊工

（1）设备部件名称：四大管道、高压管件及阀门。

（2）问题描述：在对部分阀门厂、锅炉厂、管件厂、配管厂进行检查时发现焊工无证上岗的情况。

（3）原因分析：供货商质保体系不健全，让没有焊工证的焊工进行焊接操作。

（4）处理方式：勒令停工，要求使用合格焊工进行焊接工作。

（5）需重点关注的问题：重点检查，杜绝无证上岗。

（三）焊接外观缺陷

（1）设备部件名称：阀门、管道、高压管件。

（2）问题描述：压力容器、管道常见问题有气孔、夹渣、焊瘤、凹坑、未焊透等。

（3）原因分析：

1）供货商招募的焊工技能水平较低，虽然都有相应资质的资质证书，但实际操作水平不高。

2）工人责任心不强，不遵守焊接工艺规范。

3）供货商质量监管不严，没有按程序自检。

（4）处理方式：进行挖补补焊。

（5）需重点关注的问题：焊缝缺陷不仅影响美观，也存在一定的安全隐患。因此，在过程检验中应予以足够重视。

（四）热处理问题

（1）设备部件名称：高压管件、高压管道配管。

（2）问题描述：某项目产品检验时发现，主蒸汽 90° 弯头背弧均存在硬度偏低；端口侧面及背面均存在硬度偏低；热段 T 形异径三通腹部硬度偏低；高压给水弯头端口外弧硬度偏高、偏低现象；再热热段热压弯头金相组织呈碳化物延晶界析出且马氏体位相不明显。

（3）原因分析：热处理炉温不均匀，技术负责人责任心不强，质量意识不足。

（4）处理方式：重新正火并进行回火热处理后，检验合格。

（5）需重点关注的问题：

1）签订合同前提前审查供货商质保体系是否完善、加工试验用的设备是否满足要求，考察技术人员对重点工艺的熟悉程度，考察质检人员对检验流程的认知程度。

2）严格按照生产工艺开展监造工作，确保关键环节监督、跟踪到位，如有违反，一次否定，绝不姑息。

（五）热处理不当造成热段、低压旁路焊制三通表面产生裂纹

（1）设备部件名称：高压管件。

（2）问题描述：在焊制三通进行成品检验时，发现焊制三通焊缝表面有细小裂纹，经分析确定为延迟裂纹。

（3）原因分析：

1）经过深入分析该 P91 焊制三通生产制作过程，确认裂纹产生的根本原因为焊后热处理与焊接完成间隔时间太长。

2）供货商缺乏 P91 焊接业绩，P91 焊接经验贫乏，焊接人员素质低下；质量控制程序缺失，致使 P91 焊接及热处理方式控制松懈、失控；焊制三通坡口加工型式、强度补强计算等支持资料准备不足，导致对后续工作准备不足是产生裂纹的主要原因。

（4）处理方式：

1）通过与供货商、监理公司多次讨论研究，对所有的焊制三通进行全部返修，返修方式为对焊缝金属进行彻底清除，重新焊接。

2）成立专项返修小组，全程处理、监督返修过程，确保焊制三通的质量。

3）对返修后的焊制三通进行多次全面检验，全面掌握焊件的质量。

（5）需重点关注的问题：

1）设计过程中，对于重要的结构型式改变，要认真调研讨论确定。

2）对于供货商的业绩进行调研，确保有丰富业绩、经验，管控能力强的制造企业进行生产。

3）在监造计划中突出此部分关键部件的监造。

4）在监造中明确关键检验程序点，必要时对关键点进行驻厂监督。

四、外观质量问题

（一）主厂房钢结构锈蚀

（1）设备部件名称：主厂房钢结构。

（2）问题描述：主厂房钢结构运至项目现场时出现了不同程度的锈蚀。

（3）原因分析：供货商对材料的表面处理不合格，涂漆时的环境质量及油漆的质量不过关。

（4）处理方式：材料在项目现场进行了除锈处理，重新打磨喷漆。

（5）需重点关注的问题：

1）供货商需重点关注露天材料的油漆质量，严格做好材料涂漆前的表面处理，掌握涂漆时的环境湿度和温度，杜绝因油漆问题导致材料出现锈蚀。

2）要加强材料的储运防护，避免高温、阳光直射造成温差使材料变形，涂装脱落。

3）采购合同中把钢结构涂漆前的表面清理作为买方项目现场停工待检点执行，不经买方检验，卖方不能进行涂漆作业。

（二）产品标识与设计不符

（1）设备部件名称：高压管件。

（2）问题描述：在检查时发现再热冷段弯头 $\phi863.6 \times 17.52$mm 标识中材质错误，供货商管件标识材质为 A515Gr70，管件原材材质标识为 A515 Gr70，加工为焊接弯头后材质标识为 A 672B70CL32。

（3）原因分析：操作人员对材料牌号及标准认识不足，供货商缺少标识移植操作规范，导致操作人员未按规范操作。

（4）处理方式：要求供货商按照标准对错误喷码标识进行移除，重新喷码。建立完善的标识移植操作规范，并对操作人员进行材料标准、牌号、标准、标识移植操作规范的培训。

（5）需重点关注的问题：

1）供货商应确保制定有标识移植操作规范，确保标识移植人员对材质标准及移植规范的掌握，切实按照标准和规范的要求进行。

2）总承包方检验人员在检验时应当注意对相关产品编码、时间等的宏观核对，避免错误的、重复的、遗漏的产品编码存在。

（三）未能进行成品二次保护

（1）设备部件名称：四大管道管件。

（2）问题描述：在检验时发现产品存在电弧灼伤、氧化皮打磨不完全、坡口清洁度不足等问题。

（3）原因分析：供货商生产人员责任意识淡薄、质量意识不强，对于这些易见常发性问题不以为然。

（4）处理方式：对于氧化皮打磨不完全、坡口清洁度不足等问题要求供货商重新打破。

（5）需重点关注的问题：

1）供货商应对员工的规范操作加强管理，提高员工的责任心和质量意识。

2）总承包方检验人员在检验时对焊接件应注意按照 DL/T 869《火力发电厂焊接技术规程》对坡口、焊缝、焊接面进行检查，对于氧化皮要对照原材质表面进行检查。

（四）集控楼钢结构变形问题

（1）设备部件名称：钢结构。

（2）问题描述：到项目现场时，钢结构到货已不同程度变形。

（3）原因分析：装卸及运输过程挤压，野蛮施工。

（4）处理方式：在项目现场使用物理方法进行校正。

（5）需重点关注的问题：加强物流管理，制定装卸及运输操作管理程序，严禁野蛮施工。

（五）阀门包装问题

（1）设备部件名称：阀门。

（2）问题描述：开箱检验时候发现，箱内备件无防水防潮设施。

（3）原因分析：

1）发货前包装及检验不严格。

2）箱内缺少防水防潮设施，设备在海运途中极易受潮。

3）设备材料抵达仓库后，每逢印度雨季，很多备件极易生锈，甚至进水而无法使用。

（4）处理方式：

1）开箱后对所有设备进行检验，查看有无进水设备。

2）保管时对相应的设备进行防水防潮处理，避免雨季受潮。

（5）需重点关注的问题：

1）在包装装箱过程中，严格按照程序要求加强监督检验管理。

2）每逢印度雨季，加强对设备进水的防范意识。

（六）电缆桥架检验时镀锌厚度不合格

（1）设备部件名称：电缆桥架。

（2）问题描述：检验人员在检查电缆桥架时发现镀锌厚度不合格。

（3）原因分析：镀锌厂家对镀锌工艺控制不严，镀锌完成后没有对漆膜厚度进行检查，不能及时发现问题。

（4）处理方式：供货商重新镀锌。

（5）需重点关注的问题：加强外包供货商的质量工艺管控，要求设备符合合同要求。

五、资料问题

IBR 认证资料与设备名称、规格等不符：

（1）设备部件名称：阀门及锅炉管道、材料等。

（2）问题描述：资料审查过程中发现一些供货商提交的认证资料中所注明的尺寸、结构以及安装方式与实际产品不符，有些供货商提交的资料前后名称不符，甚至存在用户名称错误等现象。

（3）原因分析：供货商对认证资料的重要程度认识不足，未能引起相关人员足够的重视；另外，项目执行人员对 IBR 资料要求不清楚，不熟悉 IBR 规程，仅仅是按以前的相关经验准备 IBR 资料。

（4）处理方式：加强资料审核，积极协调供货商修改资料。

（5）需重点关注的问题：

1）加强供货商资质审核，不合格的供货商坚决不用。

2）重视对供货商相关人员的认证交底工作，必要时进行认证培训。

3）加强与供货商、认证公司的沟通交流，对一些常见问题、共性问题提前提醒，杜绝重复发生。

4）要求供货商加强管理，固定从业人员。

六、管理及其他问题

（一）供货商设计错误

（1）设备部件名称：高压管件。

（2）问题描述：某项目主蒸汽 90° 热压弯头（ID432×90mm；A335P91）下发的管件图纸中，所设计坡口形式不适用于实际加工。某项目高压加热器换热管道材料为碳钢无缝管（SA556 GrC2），按照目前技术协议及设计方案换热管壁厚无法满足 IBR 对厚度的要求。

（3）原因分析：供货商设计人员标准掌握不熟悉，设计变更后未根据 IBR 标准对产品进行重新设计计算，供货商设计部领导没有对相关的技术图纸、计算书进行相应的校核。

（4）处理方式：供货商根据技术协议及相关标准对产品进行了重新设计、计算。并对产品进行了相应的整改。

（5）需重点关注的问题：

1）在设备生产前对产品图纸及计算书进行审核，通过后再通知供货商生产。

2）注意常见性材料的变更引起的计算参数的变更。

3）根据技术协议对产品图纸及计算书进行相应的校核。

（二）未按照质量计划、相关标准以及会议纪要中的要求，对产品进行必要的检验或出具相应的报告

（1）设备部件名称：低温过热器、主蒸汽连接管、除氧器。

（2）问题描述：对锅炉低温过热器进行资料审核时发现缺少 RT（射线检测）报告；根据要求应对管子进行原材料厂的见证工作，制造厂欲不进行原材料厂的试验直接进入成品检验；对除氧器资料审核时发现成型后拼接焊缝 RT（射线检测）、原材料 UT（超声波检测）中引用的标准为中国标准，未按照 ITP 要求的国际标准出具报告。

（3）原因分析：供货商人员水平参差不齐，其质检人员对质量计划、合同、标准理解不透。不能按质量计划及相关标准要求进行相关工作，质保体系不够严谨，质量管控力度不够。

（4）处理方式：

1）要求供货商对缺少报告的 RT（射线检测）片进行再次审核，并提交报告。

2）鉴于管子已经生产完成，双方采取折中办法，对成品管子进行涡流等无损检测方法和理化试验来代替原材料厂的检验。

3）按照国标要求重新与业主签订质量计划并要求供货商补齐相关资料。

（5）需重点关注的问题：

1）应强化供货商对检验流程的执行力度，不能想当然做事。

2）加强对供货商质量人员的合同要求交底工作。

3）总承包方对大厂管控力度较差，很多工作只能妥协。应当严格合同质量方面的条款约定，明确责任，对供货商建立行之有效的违约惩罚措施。

4）充分发挥第三方监理公司、驻厂监造的作用，在过程检验时发现并解决问题。

第六章 ▶ 电力设备质量问题防范措施

　　设备从初始设计到现场调试完成，各个阶段都会有质量问题发生，对设备的质量管理也需要涵盖设备的全生命周期。设备的质量控制和问题防范措施，应当是在设备生产的各个阶段，通过多方人员共同管控的全方位管理模式。各方需通力协助，才能及时发现问题、解决问题、归纳问题，做到有效地控制设备质量，防止或减少问题的发生。

　　设备在各个阶段均需要供货商、监理公司、总承包方、业主方共同进行管理，内容应包括合格供货商的选取、生产过程的质量控制、设备安全运输、现场安装以及调试运行等各个方面。为使整个管理体系更加具体化、直观化，编写组通过分析各阶段设备出现的质量问题，制定了下列详细的可行的预防措施，以希望在各方的协力管控下更好地保证设备质量及安全。

第一节　采购环节

一、设计管理

（一）问题描述

　　设备合同签订后，若设备供货商提供给设计院的资料非最终版，会造成设备接口与设计院图纸不符、设备基础尺寸与设计院设计尺寸不符等问题；设计院的设计变更等信息如不能及时准确地提交给设备供货商，会造成设备供货商供货型号或数量与设计院图纸不符。

（二）防范措施

　　（1）设备合同签订后，设备供货商必须本着严谨认真的态度，及时与总承包方及设计院进行沟通，确保提交的设计资料为最终版本，如果因为特殊情况，使用了非正式版资料，应该做好记录，并及时提交正式版资料。

　　（2）设计院在收到设备供货商提交的资料后，应核实是否为最终版本，若设备供货商提交的为非正式版资料，应做好记录，待收到正式版资料后，要核对正式版与之前的差别，以确认最终设计工作的准确性。

　　（3）在与设备供货商和设计院的合同条款中应明确各方的责任和义务，设计院与供货商相互提资（特别是图纸）应是经审核、批准的正式版资料。

　　（4）设计部门需及时组织设计院、供货商参加设计联络会，重点检查设计接口、尺寸的符合度等问题。

　　（5）如果设备生产过程中设计或合同技术协议发生了变更，设计部门应做好变更的统计并告知监造部门，监造人员到工厂检查时，应重点检查供货商变更的执行情况。

（6）可有针对性地聘请设计监理对重要设计环节进行把关，加强设计环节的监督管理。

二、合同管理

（一）问题描述

由于总承包方与供货商签订的设备合同条款不齐全、不严谨，容易出现设备合同与 EPC 主合同要求不符；设备合同条款中对设备参数、材质要求不明确等问题。另外，设计院及设备供货商的 BOQ（工程量清单）应及时录入物资管理平台，以便能及时发现供货商是否存在错发、漏发现象。

（二）防范措施

（1）相关人员认真研读 EPC 主合同，各部门、专业进行内容分解和交底。

（2）总承包方在编制设备供货合同时，应将项目主合同的相关必要内容移植过去（如设备执行标准、频率、电压等），避免出现与主合同要求不符的情况。

（3）总承包方在合同中对设备分包做出要求，重要、特殊设备原则上不允许进行分包或由总承包方指定供货方。

（4）合同条款中明确设计院及设备供货商及时准确提交 BOQ 清单，并加入到总承包方物资管理平台中进行管理，发运前根据清单严格按照技术协议要求设备的数量、品牌、产地、技术参数等清点货物，确保符合要求，以免漏供、错供。

（5）设计院及设备供货商发生的设计变更及时通知总承包方，检验人员及时了解，检验过程中，对变更内容做重点检查确认，防止错发。

（6）现场收到货后及时开箱清点，发现缺损件及时通知供货商补发补供。

第二节　制造环节

一、原材料质量管理

（一）问题描述

设备的原材料、材质类问题往往出现在设备的设计、生产阶段，包括设备材质的选用不适合，焊接及热处理不当导致原材料裂纹、断裂，以及供货商材质代用等诸多方面。

（二）防范措施

（1）优化材质选型，加强对材质的复核。在设备、材料的材质选型过程中，切实考虑项目的实际情况，根据情况实现材质的选型优化。尤其耐磨部件应根据煤种情况选择适当的材质和型号。

（2）总承包方在合同签订阶段加强对物资采购合同与主合同的比对、审核，将主合同的要求移植到采购合同中，确保原材料满足主合同要求。

（3）总承包方加强对供货商的监督管理，在设备、材料生产制造过程中，总承包方在进行巡检、W/H 点见证等工作时，应对已生产完成或生产中的部件的材质证书进行检查（检查内容见监理公司部分），对于尚未收集齐全或存在问题的，应要求供货商及时补充、处理。对于检查发现的问题，如有必要，需进行材质复检，核查材质是否与技术协议要求相符合，如不相符，需要求供货商做澄清解释，如无有效证据支持（协议变更），供货商需返工处理。

（4）如业主/总承包方要求供货商对设备部件材质进行变更，监造部门在获得相关信息后，要进行核实确认，及时联系供货商升版 ITP 计划（质量检验计划）并经业主批准。在进行检验时，应对变更内容做重点检查确认。

（5）对于重要部件、合金钢部件、有特殊性能要求的部件材质，总承包方在设备、材料合同中需进行重点标识，或单独列表汇总。合同澄清阶段，对上述部件材质进行重点澄清，并将经供货商签字后的材质表作为合同文件的一部分。合金钢材质以及有耐磨、耐酸碱等特殊性能要求的零部件应作为重点检查对象，除检查材质证书（MTC）之外，还应重点检查光谱分析报告、硬度报告、性能试验报告等相关检验报告，确保材质符合合同、技术协议或设计图纸要求。

（6）供货商应在生产过程中加强检验，严格按照图纸及相关标准的要求进行生产。检验人员需对材料进行抽检并出具相关记录，避免出现材质错用、代用等现象，对重要部件的原材料检验设置"H"点进行检验。

（7）审查供货商热处理人员、焊接人员以及检测人员的资质。焊接、热处理、无损检测应按相关工艺要求执行，避免过程中因操作不规范导致材质裂纹、断裂等现象。

（8）对于总承包方聘请的设备监理公司监造范围内的设备，监造人员在检验过程中，应对照主合同、设备材料采购合同及相应技术协议、ITP 等，对设备、部件材质进行检查核对。检查各部件材质证书是否齐全，证书是否真实有效，字迹、签名是否清晰，证书中各数据参数是否符合相应标准、规程、规范，对于供货商进行材料进厂的材质复检，检验人员须进行旁站见证。对于检查期间发现的问题，监理公司要督促供货商及时处理、整改，并做好处理后的复查。监理公司要把发现的问题及处理情况，详细记录在每周的监理周报中，对于重大材质问题，监理公司应在发现问题后的 24h 内，向总承包方进行专题汇报，以便总承包方跟踪并要求供货商整改。

（9）对设备在质保期内出现的原材料问题，在合同中要明确责任方，并制定应对措施，可采用保函、质保金、更换、修理、返还货款、支付违约金、赔偿等方式要求相关方承担相应的责任。

二、外购件质量管理

（一）问题描述

对于分包外购的设备，由于供货商对其分包商的质量管控要求不严或出于成本方面的考虑未对分包商采取有效的管控手段。在进行检验时，外购件往往会出现一些质量问题。

（二）防范措施

（1）总承包方在设备招投标阶段要求供货商提供分包外购设备的供货商清单；在合同签订时候尽量明确主要部件的生产商，同时在合同中明确设备部件的技术规范要求，确保产品性能满足系统安全运行要求；合同执行前，应要求供货商按程序对分包商进行评审，杜绝评审不合格的分包商参与到项目执行中来。

（2）合同执行中，总承包方加强对供货商及其分包商的工作交底，明确对设备的检验要求，要求分包商按要求做好设备的生产加工、检验工作，并及时提交相关资料。

（3）在监理公司合同范围内的设备，监理公司人员需要到分包商进行设备监理工作，包括检验设备质量、考察资料提交、督促问题整改等，同时也应协助总承包方做好分包商的考核工作，对于产品控制能力不足，达不到总承包方要求的供货商应向公司汇报，总承包方应要求供货商取消其供货资格。

（4）对分包的设备，总承包方应根据设备的重要程度考虑设置质量检验点，在其生产过程中进行检验监督。分包设备到厂后，应要求供货商按照相关程序，依据标准对外购件和原材料进行复检，并做好复检记录。

（5）设备制造完成后，总承包方要求供货商和分包商注意设备资料的整理、提交工作，要求其按照合同要求提交符合标准的资料，同时保证资料齐全，满足公司对资料提交的最终要求。

三、焊接质量管理

（一）问题描述

焊接方面的质量问题是各专业设备制造的主要问题之一，常见表面缺陷有夹渣、焊高不够、表面裂纹、咬边、焊缝不均匀等，内部缺陷有气孔、未焊透、未熔合、裂纹、内凹等。主要受焊工熟练程度、焊缝位置、焊缝清洁、焊材是否合格等多种因素影响。

（二）防范措施

（1）项目开工前，供货商技术人员应熟悉图纸，了解部件的材质与规格，掌握图纸对焊接的特殊要求和质量标准，检查现有的焊接工艺评定的覆盖情况，如果不能覆盖，尽快完成相关的工艺评定，编制详尽的焊接工艺卡及热处理工艺卡。

（2）操作前供货商技术人员应对参加施工的人员进行焊接作业交底，包括施焊的要点及质量控制要求。

（3）供货商应使用持相应资格证的焊工按焊接工艺要求施焊，按照国家标准、行业标准或企业标准检查设备焊缝外观，不能有夹渣、焊高足够、表面裂纹、咬边等质量缺陷并根据探伤比例及时对焊缝进行探伤，并保存探伤底片和探伤报告。

（4）供货商需检查焊材的材质证明书、复检报告、入场检验记录等，核对材质和规格符合图纸和焊接工艺要求。

（5）供货商应组织对焊工进行培训、考核，提高焊工责任心；焊前焊工模拟练习。

（6）焊工施工时，施工人员必须持班长或技术员填写的内容清楚、齐全的焊条票领用，领用的焊条放在 100 ~ 150℃的保温桶内，焊工到达施焊地点应立即将保温桶接线、通电扣盖，施工时随用随取。

（7）供货商应加强规范焊接及热处理记录的控制，保留相关的基础数据。

（8）总承包方应针对焊接操作过程设置质量控制点，加强关键点控制；见证焊工考试及模拟练习，确保合格的焊工操作。

（9）总承包方在进行检验见证前，应先检查供货商焊接质量控制体系、焊接及热处理技术人员、质检人员的理论水平、焊接及热处理人员的资质证书、无损探伤人员的资质证书；检查焊接工艺评定是否覆盖相关的焊接项目，检查焊接工艺卡及热处理工艺卡的正确性；检查焊接及热处理用的焊接、热处理设备及检测设备是否能正常使用，检查热电偶等计量器具是否在有效期内。

（10）监造人员在车间检查时，应重点检查焊工及热处理操作是否满足焊接工艺卡要求，焊接设备是否能正常运行，施焊环境，如湿度是否正常；加强隐蔽焊缝的检查，箱罐类设备要求供货商提交严密性试验报告。

（11）督促监理单位履行职责，严格执行现场监督制度，对监理单位设置考核点。

（12）施工现场应按相关标准或供货商要求进行焊接、探伤和验收，对P91、P92等新材料、新工艺进行100%探伤检验。

四、设备加工工艺质量管理

（一）问题描述

设备的加工制作是设备形成的过程，加工工艺的好坏直接影响设备的整体质量，由于加工工艺造成的设备质量问题主要有形位尺寸制造差错、表面变形或损伤、管道通球不过、毛坯铸造或锻造存在缺陷等。

（二）防范措施

（1）总承包方的设备招标文件中，要求投标单位提供质量保证大纲及质保体系程序清单，要求投标单位提供主要加工机械、设备清单，列明设备名称、型号、性能参数、生产年分等关键信息。开展对供货商质保体系的第二方审核，通过审核确认供货商质保体系是否完善及执行情况是否正常。

（2）设备生产过程中，总承包方要求供货商加强过程中的检验工作。在下料阶段，对照图纸检验下料尺寸、厚度并做好部件的检验记录，对发现的小问题，应及时解决修复，避免问题扩大。

（3）对监理公司合同范围内的设备，总承包方要求监理公司人员在设备生产阶段及时到车间进行巡检，按照程序要求抽查零部件加工尺寸，检查生产车间的尺寸检查记录，对工厂已经检验过的部件尺寸进行复检，做好书面记录并拍照留据，并在周报中反馈检验情况。对发现的问题及时催促供货商整改。对重大的设备尺寸问题，要求供货商和监理公司在24h内向总承包方汇报，同时供货商应提供问题处理方案，监理公司协助审核、检验。

（4）总承包方应加强对供货商检验的过程监督，质量检验计划中将重要的尺寸检验设为"W"点进行检验见证。监造人员在检验过程中通过实际测量、查看工厂检验记录等方式对设备尺寸进行核查。对发现的设备尺寸问题，及时督促供货商进行整改，并跟踪其进行处理，直至问题最终解决。

（5）若设备尺寸问题连续发生，说明供货商的质量控制系统出现问题。总承包方应有针对性地对供货商进行质保控制程序的检查，检查各控制环节的文件、记录、表格是否齐备，确认相关程序是否有效运行。同时要求供货商编制有针对性的预防控制措施，并报总承包方审批；如对因设备老化而导致的问题，应要求供货商对加工机械设备进行维护及更新，保证设备加工精度。

（6）检查供货商使用的计量器具是否正常，是否有计量效验证书且证书是否在有效期之内。

（7）总承包方在采购合同中应明确关键工序检验点；采用保函、质保金、更换、修理、返还货款、支付违约金、赔偿等方式使供货商承担质量缺陷的责任。

（8）设备出厂前必须检查设备的接口尺寸和主要部件的尺寸，对产品尺寸进行整体验收把关；现场安装前应复核设备主要部件尺寸、结构，按照供货商提供的安装顺序和注意事项组装设备。

五、设备外观质量管理

（一）问题描述

设备在生产、发运、安装过程中，会出现各种各样的外观问题，如表面划痕、凹陷、焊瘤焊渣、油漆厚度不足、毛刺、破损、割伤等各种问题，此类问题大多由人为主观因素造成，不仅造成了设备外形上的不美观，有些甚至还会影响到设备的性能。

（二）防范措施

（1）加强对原材料的控制，避免投料过程中使用有缺陷的原材料。

（2）总承包方或监理公司应加强原材料进厂后的检查，避免旧料和翻新料的二次使用，加强铸件的外观检查，加强磁粉检验和表面 PT（渗透检测）的见证，杜绝不合格品流转到加工环节。

（3）总承包方要求供货商对生产进行过程控制，增强工人的质量意识和责任心，避免因为野蛮加工、粗放加工而造成设备的外观损伤。通过到生产车间抽检的方法，检查供货商质检人员是否按照程序要求，填写检查记录，是否严格按照标准对每一加工环节进行流程控制。

（4）监造人员在发现设备外观缺陷时，应要求供货商及时消除缺陷，但对于铸铁件出现材料裂纹则坚决要求供货商报废并要求其重新加工生产。

（5）监造人员对供货商的外观缺陷处理方案加强审查，避免处理不当对设备、材料造成二次破坏或不可逆破坏。施工现场发现的外观缺陷，应分析产生的原因，并通告责任方采取纠正与预防措施，纠正措施应避免使设备再次受到损害。

（6）设备内外表面涂装（油漆、衬胶、衬塑等）前的表面处理检验作为总承包方或监理单位的检验见证点执行，重点检查涂装前的表面清理是否达到标准要求（这一点是质量控制的重中之重）。应检查供货商涂装时环境温度和涂装表面干燥度符合标准，供货商提供的涂装材料合格证或检测报告应齐全；加强对不可见外观缺陷的检查，如油漆厚度需按照工艺要求喷涂足够遍数的底漆和面漆。设备的最终涂膜厚度和表面颜色应符合技术协议要求。

（7）对有电气功能的油漆，如电机定子铁芯绝缘漆、防静电漆、防霉漆等还需要对工艺过程文件、油漆牌号、化学成分、工艺流程进行检查，通过各项试验来确保质量符合要求。

（8）注意设备的保存及防护。无论在工厂储存还是在现场存放，应编制设备检查维护手册，定期进行检查，及时处理发现的问题，避免碰撞、积水、潮湿等造成设备变形、油漆脱落、生锈等各种损伤。

（9）在设备包装、发运过程中，检验人员严格按照包装程序进行包装并加强设备发运前的检验，重点检查设备或箱件中心点标注、设备重量标注的准确性，设备固定的牢固性，箱件结构的牢固性，防止运输过程中设备碰撞、跌落。加强设备全程物流中的管控，避免设备受到雨淋、高温直射、低温冷冻等情况的发生，确保设备油漆、衬胶、衬塑层不变色不脱落，确保设备完好。在设备安装过程中，做好设备防护和保养，防止设备受到污染和伤害。

六、电气设备性能管控

(一)问题描述

电气性能是衡量电气设备质量好坏的重要指标,电气设备在制造阶段已经基本决定了设备的基本性能,但问题一般会在安装运行后逐一表现出来。如绝缘值降低、电气间隙小导致放电等问题,因此在设备制造阶段应采取必要的措施进行预防。

(二)防范措施

(1)针对直阻、绝缘、耐压、闪络等常规试验项目,首先要求明确合同中所依据的标准,找出标准中对相关试验合格标准值的要求;其次在进行工厂检验时检查工厂厂标,确保厂标等同于或高于合同中的标准要求;最后严格按照相应试验程序执行试验,并确保各项试验操作、计算符合要求。

(2)电气设备对爬电距离和电气间隙有着严格的规定,总承包方在采购合同及图纸中应进行明确的规定,并在 ITP 中设置检验点;对于出口印度、非洲等国家的电气设备,对电气间隙要求更加严格,应根据实际情况设计时考虑足够的裕量;在设备制造阶段应进行检查测量,并关注其质量情况,如出现问题要及早发现并进行整改。

(3)对于电机类设备,根据轴承高和电压等级以及使用环境不同会对绝缘要求程度不同,对应的绝缘处理工艺也不相同。在供应商选择阶段应选择质保体系运行正常、管理规范且有相应型号和业绩的供应商。必要时合同中明确绝缘处理主要工艺方法和绝缘材料品牌,针对绝缘工艺过程设置见证点,在进行出厂试验时严格执行相应标准要求,对于出现耐压试验不合格时除对不合格点进行处理外还要追溯到绝缘处理阶段。包装应注意密闭、防潮、防水、防尘。运输过程中一旦出现包装损坏应及时修补,对于有充氮要求的发电机定子设备应配备氮气补充装置,并时刻观测压力变化情况。现场储存采用室内存放,如果存放时间较长,应定期进行加热以驱除潮气。

(4)电气设备安装前应进行电气试验,试验参数均应符合设备质量要求。试验时注意记录过程(包括录像或照片)。

七、ITP 执行管理

(一)问题描述

设备在生产、检验过程中,因 ITP 中所列标准与实际执行所依据的标准不同、ITP 的要求在检验时无法达到或 ITP 未及时升版等原因,往往会导致检验失败。

(二)防范措施

(1)在 ITP 谈判过程中,要让供货商委派有经验、有资质的质保专家来参与,做到准确、严格、仔细,特别是在检验项目、检验内容、检验数量(比例)、检验点的级别以及参考标准等内容的确定上,必须落实准确,确保各方理解一致。在签订 ITP 后,为使项目能够顺利执行,总承包方要做好监造检验工作的交底,在供货商项目执行的人员确定后,可通过邮件、电话以及当面交流等方式对其质保、生产等相关人员进行质量交底。

(2)合同执行阶段,当供货商最终设计完成之后,如存在部件材质与当初签订的 ITP 不一致或生产过程中部件材质发生变更时,供货商需及时将信息反馈至总承包方。总承包方监造人员需核对主合同、采购合同及相应技术协议(有必要时,需联系设计管理部一起确认),如供货商的变更不违反上述文件中的要求,则应要求供货商升版 ITP,以符合实际部件材质的检验要求。升版后的 ITP 应提交总承包方及业主批准后，正式执行。

（3）供货商在设备生产过程中应对照施行的生产、加工、试验标准同 ITP 中所列标准是否一致，若发现有使用标准和 ITP 所列标准不一致的情况，应当及时升版质量计划并报送总承包方，总承包方及时向业主澄清。在检验过程中，若因使用标准和所列标准不一致而导致的检验失败，供货商应承担所有责任。

（4）设备生产过程中应按照 ITP 要求进行生产，依据要求做好设备生产、资料收集、报检等工作，并依据检验点要求对总承包方报检，在正式检验前做好设备、资料的准备工作。

（5）总承包方要求供货商加强对分包商的管理，及时了解设备生产状态，并按照合同要求向公司报送检验计划；同时，供货商应及时把 ITP 下发到其各分包商并向其详细交底，使分包商明确检验流程和检验要求，确保设备的检验工作能顺利进行。

八、资料管理

（一）问题描述

国外 EPC 项目的设备检验过程中，业主对资料的要求比较严格，在进行实物检验前会先对过程资料进行检查，而国内供货商往往存在"重实体、轻资料"的思想，因此许多设备在检验前就因资料问题而导致检验失败。尤其是有认证要求的设备，往往因为资料不符合要求造成检验及后续工作执行困难。另外，在检验完成后，督促供货商及时、准确地提交资料也非常重要。

（二）防范措施

（1）总承包方在采购合同中明确资料提交的要求，包括资料提交的内容以及资料提交形式。同时应在合同中指明如因资料缺少、错误等原因造成的工期延误，由供货商承担全部责任。

（2）总承包方在采购合同签订后或签订 ITP 阶段应了解产品的重要部件是否有分包、外购的情况，要求供货商严格控制外购件质量并督促供货商做好外购件资料收集工作。

（3）对有认证要求的设备，要对供货商质保体系进行审核，确定其满足认证以及国外业主的要求。如果供货商不熟悉、不了解认证的要求，在准备资料时往往会出现很多问题。因此，在合同执行前应邀请有资质的认证公司对供货商进行统一的认证培训。

（4）在生产开始前到供货商进行质量交底，在进行交底时应向供货商再次明确公司对资料的要求，增强供货商对资料的重视程度。涉及业主参与检验的项目要提前通知供货商准备资料，并且明确资料内容。

（5）对于业主方参与检验的项目要做好预检工作。可以提前于业主到达供货商，要求其按业主需要准备相应的文件资料并进行检查，避免业主检查时发现数据错误、缺张少页、漏签字、无英文版本等情况的发生。

（6）要求供货商做好过程资料的收集、整理、保存、移交等工作，避免资料遗失或残缺。

（7）对于属于公司聘请的设备监理公司监造范围内的设备、材料，监理公司驻厂代表或巡检人员应随时跟踪提醒供货商做好资料收集整理工作并定期检查其完整性及准确性。

第三节　运输环节

包装防护的问题描述及防范措施如下：

一、问题描述

在国际 EPC 项目中，设备从供货商到运输到现场，需要经过陆运、海运等多种运输方式，需要经过几次甚至十几次装卸过程，在这个长途运输过程中，若设备的包装方式不恰当，防护措施不到位或是在运输途中装卸不当，很容易造成包装的损坏而对设备造成不良的影响，情况严重时甚至会造成设备的报废。

二、防范措施

（1）编制《包装、防护和标识管理程序》，针对不同类型的设备、材料制定有针对性、可操作性的包装防护要求，并根据实践工作开展情况及发生过的问题，逐步进行补充、细化和完善。

（2）总承包方在采购合同中对包装及防护要求进行详细约定和说明，列明需要执行的包装方面的国家、行业标准和规范，将《包装、防护和标识管理程序》作为附件附在合同中，成为合同的一部分。

（3）总承包方在设备生产开始前的监造交底及日常巡检过程中，注意将包装要求作为重要项目重点交底、检查。

（4）加强设备包装后的发运前检查工作，严格按照相关标准、规范、合同及《包装、防护和标识管理程序》的要求，进行认真全面检查，确保包装方式、标识、尺寸、强度等各方面符合要求。

（5）对于重要的或有特殊防护要求的设备、材料，总承包方要求供货商编制包装、防护方案并报公司批准、备案，确保产品运输安全、可靠。

（6）包装前供货商要考虑运输环境及现场存放时间，做好防锈、防潮措施；包装形式及强度应满足长途的海上、陆路运输以及多次装卸、倒运的要求。

（7）总承包方加强对运输公司的管理，明确运输安全防护责任，在运输分包合同中设置相关经济处罚条款，并严格执行。制定装卸及运输操作管理程序，严禁野蛮施工；港口人员加强对运输公司装车封车等工作的监督，及时纠正发现的问题。定期与运输公司召开物流交流会议，总结优点和不足，在以后的设备发运中，要求运输公司保持优点，改正不足。

（8）实行物流全过程跟踪管理，在物流各环节实行货物交接状态检查签证制度。下一环节在接收上一环节转来的货物时，应检查货物是否完好。如无问题，则进行签字确认，继续流转到下一环节；如发现问题，必须及时向物流管理部门进行汇报，详细说明情况，以便确定相关责任，并及时进行记录、处理。

（9）加强总承包方、供货商、港口和现场的交流，对于设备在包装、装卸、运输等过程中出现的问题，各方要做到信息共享，及时沟通并协调解决，制定纠正预防控制措施，避免后续发生类似问题。

第四节　仓储环节

现场仓储管理的问题描述及防范措施如下：

一、问题描述

设备在存储过程中，可能会因为包装方式不恰当造成设备碰撞损坏、受热、受潮、生锈等问题。有些设备在现场存放的时间比较长或是存储时没有采取正确的存储方式，都会影响到设备的外观和性能。因此，根据项目的实际情况选择恰当的包装方式，并在设备到达现场后按照总承包方程序要求进行适当的防护，对设备质量有至关重要的影响。

二、防范措施

（1）依据相关标准、规范、制度，项目特点，项目所在地自然、地理环境，业主要求，项目设备管理目标等，编制项目仓储管理程序。

（2）依据有关标准、规范，设备特殊防护要求，项目施工组织总设计，结合经济性的要求，建设实用、适用的设备材料仓库。

（3）对于易损、易碎或有特殊防护要求的设备、部件，总承包方应要求供货商在设备出厂前提供专门的仓储防护手册，提出防护要求和说明。得到该手册后，应尽早发至项目现场，以便现场提前进行相关布置和安排，做好设备接收后的准备工作。

（4）总承包方加强对供货商包装监督检查力度，要求供货商把设备的机务部分和电控部分分别包装，不同等级、不同维护要求的部件也要分别包装，并在包装箱外表面明显位置注明特殊防护要求。

（5）设备到达现场后，严格按照项目仓储管理程序、设备防护手册以及设备的布置和安排，对设备、材料进行分类、分级别储存和防护。

（6）对于运抵现场的设备、材料，现场物资管理部门要及时组织业主、施工部门、设备供货商代表等相关单位、人员进行设备开箱验货，清点数量，检查设备是否完好，如发现问题，参加开箱人员需共同分析问题原因，并将初步分析结论填写进开箱记录中。

（7）加强对设备、材料在领用前的检查和维护工作，按照相关要求定期对设备进行检查与维护。

（8）总承包方编制合理的 EPC 总计划，依据计划组织设备材料生产、检验、发运以及现场安装施工，增强供货与施工的衔接性，避免设备在现场长时间存放，以减少设备在现场的储存、保养时间，降低仓库管理的工作量和难度。

第五节　安装调试环节

安装调运部分的问题描述及防范措施如下：

一、问题描述

设备在现场从最初的设备领用，经过现场安装、设备防护，一直到调试运行，经历了一个情况多变、环境复杂且持续时间较长的过程。此过程中很容易出现问题，包括设备丢失、安装损坏、防护不当以及调试问题等，此阶段的质量管控也直接影响到了设备的最终使用。

二、防范措施

（1）现场项目部各专业结合工程特点、施工计划、各自专业要求、特殊设备／部件的安装防护要求，编制各自专业有针对性的设备安装、维护程序，在设备、材料领用后有计划开展存放、倒运、吊装、安装、成品保护等各项工作。

（2）加强设备、材料领用后的养护工作。对于分批安装使用或一次性使用不完且有特殊养护需求的设备，应分批从仓库领用；已领用部分，要按照相应要求，做好设备材料的养护管理。

（3）针对具体设备，编制相应的成品设备保养、防护措施，设备安装好后，严格按相关要求进行保养和防护，并定期对设备成品进行检查，及时发现问题，及时整改。

（4）根据施工进度计划，编制工代服务计划，在设备安装时及时安排供货商工代到现场指导安装。

（5）通过以往各工程项目的总结和统计，针对容易发生问题、国产设备部件性能不稳定可靠的，以及对机组调试运行关系重大的关键部件，应在设备材料采购时，在合同中指定品牌，或要求选用进口零部件，以确保质量，避免影响到整台机组的安全可靠运行。

（6）对于现场调运过程出现的问题：

1）现场项目部应根据总承包方相关不符合项控制程序，组织相关专业、部门及时开展问题初步分析，供货商代表在现场的应一同参加。做好问题的拍照、录像等原始资料的收集。对于其中需要总承包方联系供货商等相关单位处理的问题，项目部将分析报告连同辅助资料一同发送国内处理。

2）现场项目部与国内 EP 团队要加强沟通，通过做好与业主、供货商等相关方的工作，制定有效的整改处理措施，在最短的时间内，消除缺陷，关闭问题，保证机组的顺利运行。

（7）针对某些经常出现的，总不能很好彻底消除的问题，总结安装、调运中出现的各项问题：

1）针对问题产生的原因，从设备质量本身、包装运输、仓储、安装等各环节进行认真分析，根据分析结果，制定有针对性的措施，加强各环节、全方位的管控，减少问题发生的可能性。

2）要建立相关供货商的不良信息数据库，在今后其他项目设备招标时，应尽量避免选择其产品。对于给公司造成重大经济、声誉影响的供货商，应取消其合格供应商资格。

[1] DL/T 586—2008 电力设备监造技术导则 [S]. 北京：中国电力出版社，2008.

[2] 王守民 . 国际 EPC 电站工程技术手册 [M]. 北京：中国电力出版社，2015.

[3] 吴继兰 . 汽轮机设备及系统 [M]. 北京：中国电力出版社，1998.

[4] 程逢科 . 中小型火力发电厂生产设备及运行 [M]. 北京：中国电力出版社，2006.